畜牧兽医技术社会化服务
新模式建设及产业化发展

吴 洁 窦立静 刘良波 主编

中国农业科学技术出版社

图书在版编目（CIP）数据

畜牧兽医技术社会化服务新模式建设及产业化发展 /
吴洁，窦立静，刘良波主编. --北京：中国农业科学技术
出版社，2024.7. --ISBN 978-7-5116-6962-9

Ⅰ. S8

中国国家版本馆CIP数据核字第2024T2F560号

责任编辑　陶莲
责任校对　王彦
责任印制　姜义伟　王思文

出 版 者　中国农业科学技术出版社
　　　　　北京市中关村南大街12号　邮编：100081
电　　话　（010）82106638（编辑室）（010）82106624（发行部）
　　　　　（010）82109709（读者服务部）
网　　址　https://castp.caas.cn
经 销 者　各地新华书店
印 刷 者　北京建宏印刷有限公司
开　　本　148 mm×210 mm　1/32
印　　张　8.5
字　　数　210千字
版　　次　2024年7月第1版　2024年7月第1次印刷
定　　价　58.00元

《畜牧兽医技术社会化服务新模式建设及产业化发展》编委会

前言

　　近年来，随着畜牧业高质量发展的深入推进，非洲猪瘟等重大动物疫病防控常态化落实，畜牧业发展模式和生产方式向规模化、标准化、生态化、一体化转变，畜牧兽医技术社会化服务也得到了快速发展。畜牧兽医技术社会化服务不仅是农业社会化服务的重要组成部分，也是畜牧兽医技术服务的重要实现形式。推进畜牧兽医技术社会化服务新模式的建设及产业化发展，既是落实党的二十大精神、加快转变政府职能、改善公共服务的根本要求，又是深化畜牧兽医领域供给侧结构性改革、创新畜牧兽医技术服务供给方式的着力点，有利于整合运用社会资源，形成全社会共同参与的畜牧兽医工作新模式；有利于提高畜牧兽医技术服务能力水平，进一步满足养殖业转型升级对专业化、组织化畜牧兽医技术服务的迫切需求，巩固乡村振兴的产业基础。

　　当前，各地初步探索了一些畜牧兽医技术社会化服务模式，取得了积极成效。但畜牧兽医技术社会化服务总体上仍存在覆盖不全面、服务不专业、机制不完善等问题，畜牧兽医技术社会化服务事业处于新的发展环境，迎来可以大有作为的战略机遇，形势的发展迫切需要推进畜牧兽医技术社会化服务新模式建设及产业化发展，以适应畜牧业现代化发展需求。通过建立一个集人才培养、技术推广、信息服务于一体的综合畜牧兽医技术社会化服务体系，加强畜牧兽医专业人才的培养，提升饲养管理水平和疫病防控能力，为畜牧业的持续发展提供人才保障。同时，结合现代科技手段，广泛推广先进的饲养技术、疫病防控方法以及生态环保理念，推动畜牧兽医技术社会化服务产业向绿色、环保、高效方向发展，不仅有助于提升畜牧业的整体效益和社会影响力，更为农民增收致富和乡村振兴发展提供了有力支撑。然而，这一进程仍面临诸多挑战和问题，如人才短缺、技术推广困难、产业融合深度不够等。

本书结合当下畜牧兽医技术社会化服务运行情况，在把握维护养殖业生产安全、动物产品质量安全、公共卫生安全和生态安全这一新时期畜牧兽医工作定位的基础上，直面发展中诸多挑战和问题，从畜牧兽医技术社会化服务新模式探索、市场需求、技术创新、人才培养、产业融合发展等方面进行研究和阐述，填补畜牧兽医技术社会化服务理论研究空白，从实践中总结经验，以理论指导实践，持续推进畜牧兽医技术社会化服务新模式建设及产业化发展，更好满足全社会多层次多样化的畜牧兽医技术服务需求。通过本书的介绍让读者对当代畜牧兽医技术社会化服务新模式建设及产业化发展有更加清晰的了解，进一步摸清当前畜牧兽医技术社会化服务新模式建设及产业化发展的脉络，为畜牧兽医技术社会化服务的研究提供更加广阔的用武空间，也为提高我国畜牧兽医技术社会化服务整体水平、构建具有中国特色的现代化畜牧兽医技术社会化服务体系提供借鉴。

目录

第一章

畜牧兽医技术社会化服务的内涵与外延

第一节 畜牧兽医技术社会化服务的核心概念

一、畜牧兽医技术社会化服务的概念

畜牧兽医技术社会化服务是指具备相应专业知识和技能的服务主体，通过合同契约的形式，为畜牧生产企业、政府部门等市场主体和机构提供的一种有偿服务。服务主体通常是经过专业培训和资质认证的畜牧兽医专家或技术人员，能够提供高质量、专业化的技术服务，涵盖畜禽养殖、疫病防治、饲料营养等多个专业领域。

畜牧兽医技术社会化服务的内容丰富多样，包括从养殖技术咨询、疫病诊断与防治、饲料配方优化到养殖环境改善等多个方面。服务方式也多样化，如现场指导、电话咨询、网络在线服务等，以满足不同养殖场（户）的个性化需求。这种服务模式是以市场为导向，根据市场需求和养殖场（户）的实际需要提供服务，服务费用则根据服务内容、难度和市场行情等因素确定。

此外，畜牧兽医技术社会化服务不仅关注当前问题的解决，

还注重养殖场（户）的自主发展能力的培养，通过培训、示范和推广等方式，帮助他们掌握先进的养殖技术和管理理念，实现畜牧业的可持续发展。同时，服务往往需要多个服务主体之间的合作与协调，包括政府、企业、社会组织、科研院所等各方共同参与，形成合力，为养殖场（户）提供全方位的技术支持和服务。

二、畜牧兽医技术社会化服务的特点

（一）专业性

畜牧兽医技术社会化服务涉及畜禽养殖、疫病防治、饲料营养等多个关键专业领域，这些领域要求服务人员具备深厚的专业知识和精湛的实践技能。为了确保服务的质量和效果，服务主体通常是经过严格专业培训和资质认证的畜牧兽医专家或高级技术人员。在畜禽养殖方面，不仅要了解各种畜禽的生长习性、营养需求，还要熟知不同阶段的饲养管理要点，能够为养殖场（户）提供针对性的饲养方案和管理建议。在疫病防治领域，具备扎实的病理学基础和丰富的临床经验，能够迅速准确地诊断疫病，制订有效的防治策略，减少养殖过程中的损失。饲料营养是畜牧业中不可或缺的一环，服务主体中的饲料营养专家能够根据畜禽的种类、生长阶段和生产目标，科学配制饲料，优化营养结构，提高饲料的利用率和转化效率，降低饲养成本，提升养殖效益。经过专业培训和资质认证的畜牧兽医专家或技术人员，不仅拥有扎实的理论功底，还应具备丰富的实践经验。通过不断学习新知识、新技术，保持专业水平的领先，能够为养殖场（户）提供高质量、专业化的技术服务。技术服务不仅解决养殖场（户）在生产经营过程中遇到的技术难题，还能够推动畜牧业的科技进步和产业升级。

（二）多样性

畜牧兽医技术社会化服务的内容极为丰富多样，几乎涵盖了畜牧业生产的全过程。从养殖前的技术咨询开始，服务主体便为养殖场（户）提供关于畜禽品种选择、圈舍建设、养殖设备选购等方面的专业建议，确保养殖项目从一开始就建立在科学合理的基础之上。在养殖过程中，疫病诊断与防治是至关重要的一环。疫病防治专家通过临床检查、实验室检测等手段，准确诊断疫病，及时采取有效的防控措施，防止疫病的扩散和蔓延。同时，指导养殖场（户）建立健全的防疫制度，提高自主防疫能力。饲料配方优化也是服务的重要内容之一。服务主体根据畜禽的生长阶段、营养需求以及当地饲料资源情况，为养殖场（户）量身定制经济合理的饲料配方，确保畜禽能够获得全面均衡的营养，提高生长性能和产品质量。此外，养殖环境的改善也是关注焦点。服务主体通过现场指导、技术咨询等方式，帮助养殖场（户）改善饲养环境，优化圈舍布局，提高饲养密度和通风换气效果，为畜禽创造一个舒适、健康的生长环境。

（三）市场化

畜牧兽医技术社会化服务在运作过程中，始终紧密围绕市场需求展开。这种服务模式深入洞察市场动态，精准把握养殖业的发展趋势和养殖场（户）的实际需求，从而提供针对性强、实效性高的技术服务。具体来说，社会化服务主体会定期收集和分析市场数据，了解畜禽产品的供求状况、价格走势以及消费者的偏好变化等信息。基于这些市场信息，他们能够为养殖场（户）提供符合市场需求的养殖品种推荐、饲养管理建议、疫病防控策略等服务内容，帮助养殖场（户）顺应市场变化，调整生产结构，提高经济效益。

畜牧兽医技术社会化服务的费用也是根据服务内容、难度和市场行情等因素综合确定的。服务主体会根据提供服务的复杂程度、所需投入的人力物力资源以及市场行情的波动等因素，合理制订服务费用。这种定价机制既保证了服务主体的合理收益，也体现了市场经济的公平交易原则。值得一提的是，畜牧兽医技术社会化服务在市场化运作过程中，还注重与养殖场（户）建立长期稳定的合作关系。通过签订服务合同、明确双方权利义务等方式，确保服务的持续性和稳定性。这种合作模式有助于增强服务主体与养殖场（户）之间的互信和合作意愿，为畜牧业的可持续发展奠定坚实基础。

（四）及时性

畜牧兽医技术服务对于时效性的要求极高，因为养殖过程中的许多问题都需要迅速解决，以避免损失扩大。无论是畜禽突发疾病、饲料供应中断还是其他紧急状况，服务人员都必须在第一时间作出反应，提供必要的帮助和支持。为了满足这一要求，畜牧兽医技术社会化服务模式通常建立起一套完善的快速响应机制。这套机制包括 24 小时在线咨询服务、紧急联系电话，以及快速调动专业人员的流程等，确保在任何时间、任何地点，只要养殖场（户）有需求，都能迅速获得有效的技术支持。在紧急情况下，这套快速响应机制能够迅速调动各方资源，包括专业人员、设备、药品等，以最快的速度赶赴现场，对问题进行诊断和处理。服务人员通常都经过严格的培训和考核，具备处理各种紧急状况的能力和经验，能够在最短时间内控制事态，减少损失。除了紧急响应外，畜牧兽医技术社会化服务还注重日常的技术指导和培训。服务人员会定期走访养殖场（户），了解其生产情况和技术需求，提供针对性的建议和帮助。同时，还会组织各种形式的培训活动，提高养殖场（户）的技术水平和自主解决问题的能力。

（五）可持续性

畜牧兽医技术社会化服务并不仅仅局限于解决养殖场（户）当前所面临的具体问题，其更深远的目标在于提升养殖场（户）的自主发展能力，为畜牧业的可持续发展奠定坚实基础。为了实现这一目标，社会化服务主体采取多种有效手段。其中，培训是最为核心和常见的方式之一。服务主体定期组织各类培训班和研讨会，邀请行业专家和技术人员，就最新的养殖技术、疫病防治方法、饲料配方优化等方面进行讲解和示范。通过这些培训活动，养殖场（户）能够及时了解并掌握行业前沿知识和技术，提升自身的专业素养和实践能力。此外，示范和推广也是社会化服务中不可或缺的部分。服务主体会选择一些具有代表性的养殖场（户）作为示范基地，通过实地展示先进的养殖技术和管理模式，让其他养殖场（户）能够直观地看到新技术、新理念带来的效益和变化。同时，服务主体还会利用各种渠道和平台，如网络、媒体、展会等，积极推广这些先进的技术和管理经验，促进其在更广泛的范围内应用和传播。

（六）合作性

畜牧兽医技术社会化服务的有效实施，往往依赖于多个服务主体之间的紧密合作与协调。这些服务主体包括政府相关部门、畜牧兽医企业、各类社会组织以及科研院所等，它们各自拥有独特的资源优势和专业能力，共同构成了一个多元化的服务网络。在这个服务网络中，政府相关部门通常发挥着引导和监管的作用，负责制订相关政策和标准，提供资金支持和项目指导，确保社会化服务的规范运作和高效实施。畜牧兽医企业则凭借其在技术、产品和市场上的专业优势，为养殖场（户）提供高质量的兽药、饲料、设备等物资供应以及技术咨询服务。社会组织，如行业协会、技术推广机构等，则通过组织培训、交流活动等方式，促进先进技术的普及和推广，提升整个行业的技术水平和管理能力。科研院所作为科技创新的源头，不断研发新的技术、方法和产品，为畜牧兽医技术社会化服务提供持续的技术支撑和创新动力。这种多方参与、协同合作的模式，实现了资源共享和优势互补，极大地提高了服务的效率和质量。通过整合各方资源，社会化服务能够更快速、更准确地响应养殖场（户）的需求，提供全面、系统、个性化的解决方案。同时，不同服务主体之间的相互监督和制衡，也有助于保障服务的公平性和公正性，维护养殖场（户）的合法权益。

三、畜牧兽医技术社会化服务研究

（一）动物防疫社会化服务

1. 影响畜牧兽医社会化服务的主要因素

当前畜牧兽医社会化服务面临诸多挑战，其中村级防疫员队伍的老龄化问题尤为突出。防疫员多数年龄偏大，知识结构相对陈旧，文化水平有限，难以适应现代防疫工作的新要求。由于长期缺乏系统的专业培训和更新知识，他们在应对新型疫病和复杂疫情时往往显得力不从心。此外，村级防疫员的待遇普遍偏低，这使得很多优秀的防疫人才流失，转而寻求其他更有发展前景和经济回报的职业。离岗现象的增多不仅导致村级防疫员队伍的结构不稳定，更严重影响了动物防疫工作的连续性和有效性。在人手不足、经验匮乏的情况下，疫情的监测、预警和应急处置能力都会受到削弱，从而增加了动物防疫的隐患。

2. 解决影响畜牧兽医社会化服务因素的措施

为了有效解决畜牧兽医社会化服务面临的问题，推行村聘、村用和村监督的制度显得尤为重要。这一制度的实施，旨在通过村民自治的方式，选拔出真正具备专业能力的村级防疫员，为畜牧业的健康发展提供有力保障。具体而言，各村应组织召开村民大会，让广大村民参与到防疫员的选拔过程中来。通过公开、公平、公正的选拔程序，挑选出那些具备专业知识、技能和责任心的优秀人才，担任村级防疫员的重要职务。为确保他们能够更好地履行职责，还应与他们签署详尽的责任书，明确其工作职责、权利和义务。此外，县财政部门应当承担起保障这些防疫员基本月薪的责任。在确保他们基本生活需求的同时，还应根据各村、队的实际防疫成效，提供相应的奖励和激励措施。这样一来，不仅能够有效激发他们的工作热情与责任心，还能够进一步推动畜牧兽医社会化服务的稳健发展。

（1）确定职责

县级和乡级畜牧兽医部门应积极行动起来，及时组织和实施各类畜禽的强制免疫接种工作。在此过程中，需明确村级防疫员的具体职责，确保所有项目得以全面开展，并达到规定的密度标准。同时，根据相关规定，还应做好全面的禽流感、牲畜口蹄疫等动物疫情的监测与报告工作，确保数据的准确性和及时性。此外，畜牧兽医部门还应指导养殖户对畜禽圈舍进行科学有效的消毒，并认真落实猪牛羊等动物的免疫标识工作。

特别是耳标的佩戴，其标识率应达到 100%，以便准确追踪和管理。通过这些措施，可以全面贯彻执行疫情普查工作，及时发现并有效处置疫情，从而保障畜牧业的健康稳定发展。

（2）加强管理

为了提升村级防疫工作的效能，需对村级防疫员实行更为严格的管理，并确立明确的责任追究制度。这包括明确每位防疫员的防疫责任，制订具体而详尽的防疫工作标准，并确保这些标准得到层层落实。通过分片包干的方式，将责任细化到个人，从而实现一抓到底、责任明确的管理目标。同时，还应建立一套完善的村级动物防疫员培训体系，包括岗位培训和在岗培训制度。通过开展多种形式的培训活动，将不断提升防疫员的兽医职业道德、职业素养，并帮助他们掌握最新的兽医相关法规政策、动物保定、疫苗保管等关键技术，以及兽用生物制品的监管知识。这将有助于增强防疫员的业务能力和综合素质，使他们更好地胜任村级防疫工作。特别是在年初，可以开展一次村级防疫员的上岗考核活动，全面评估他们的综合能力。通过这种竞争上岗的机制，将确保只有合格的人员才能上岗，而不合格的人员则不予聘用。这将有助于提升村级防疫员队伍的整体素质，为村级防疫工作提供更有力的保障。

（3）健全制度

村级防疫员在动物防疫和疫情排查方面扮演着至关重要的角色，他们不仅是疫情监测工作的前沿哨兵，更是保障畜牧业健康发展的重要力量。因此，必须高度重视村级防疫员的工作，并建立完善的疫情监测制度，为他们提供有力的支持和保障。这个疫情监测制度需要确保村级防疫员能够及时发现动物疫病的可疑病例以及不明原因的牲畜死亡情况。为此，可以加强对防疫员的培训和指导，提高他们的专业素养和疫情识别能力。

同时，还应建立健全的信息报告机制，确保防疫员一旦发现疫情，能够立即逐级上报，以便有关部门及时采取措施进行控制和处置。此外，对于瞒报动物疫情或防疫工作不到位导致重大疫情扩散的行为，必须坚决追究相关责任人的责任。这不仅是为了维护防疫工作的严肃性和有效性，更是为了保障人民群众的生命安全和身体健康。因此，要加强对防疫工作的监督和检查，确保各项防控措施落到实处，为畜牧业的健康发展和农村社会的和谐稳定提供有力保障。

3. 采用村聘、村用、村监督模式

（1）聘用专业防疫员

为推进畜牧兽医技术的社会化服务，应采取村聘、村用、村监督的模式，并着重开展动物防疫方面的社会化服务。村级动物防疫员作为这一模式的核心力量，必须热爱防疫工作，能够深入理解和执行国家的动物防疫政策，同时还应具备高度的责任感和奉献精神。他们需要经常走访养殖户，了解养殖情况，及时解决问题，并向相关部门准确反馈实际情况。除了高度的责任心，防疫员还应具备良好的服务意识和一定的文化水平，既要掌握扎实的专业理论知识，又要具备热情为养殖户提供饲料管理、防病治病等服务的能力。他们应按时为养殖动物接种疫苗，并密切监控疫病情况。在选聘防疫员时，应通过村队推荐、乡镇考核和政府聘用等方式，层层监督、严格筛选，确保选用的是高素质、业务能力强的村级防疫员。对于非专业人员，还应提供系统的岗位培训，帮助他们掌握畜牧兽医技术的基础理论知识和实践操作经验，从而提升他们的技术实践能力，使其能够更好地为养殖户服务，促进畜牧养殖动物的健康成长。通过这样的方式，可以有效推进畜牧兽医技术的社会化服务，为畜牧业的持续发展提供有力保障。

（2）落实准入制度

为确保村级防疫员具备适应新时期动物疫病防控工作的能力，应对其专业技术水平和临床操作水平进行严格考核。实施防疫员职业资格考试是落实上岗准入制度的关键环节，这将确保他们具备必要的专业素养和技能。同时，对村级防疫员进行定期培训也至关重要。培训经费可由村级防疫员管理部门承担，通过成立专门的培训班和建立有效的培训组织管理体系，确保培训工作的全面性和系统性。此外，建立岗位竞争机制和职业考核机制也是提升防疫人员素质的有效途径，通过选拔思想素质高、专业技术强的防疫人员，进一步优化畜牧兽医技术队伍，提高工作效率和实效性。

（二）家畜改良社会化服务

对家畜改良社会化服务工作来说，要搭建家畜改良服务平台，并且组建服务团队，创新服务机制，促使家畜改良工作的目标激励、平台支持与制度建设等保障措施得以落实、加强。

1. 有偿服务

近年来，养殖场和养殖小区的迅猛发展提供了宝贵的契机。在这一背景下，应当积极激励养殖小区、养殖场以及周边地区的那些具备高技术水平和优质服务态度的配种员，甚至包括那些愿意跨区提供服务的配种员。这些专业人员是畜牧业发展的重要支撑，他们的技术和服务态度直接影响到养殖业的效益和动物的健康。因此，要通过合理的激励机制，鼓励他们以更高的热情和更专业的技术投入到工作中去。在推动他们工作的过程中，要始终坚持平等互利、诚实守信的原则。这不仅是商业合作的基石，也是保障双方权益、促进长期合作的关键。同时，提倡在产科疾病治疗、饲养管理及繁育技术等方面提供有偿服务。这既是对他们专业技术的认可，也是对他们劳动成果的尊重。

2. 岗位责任制

借助当前家畜养殖迅速发展的良好机遇，应当精准识别并重点扶持那些经济条件优越、农民对家畜养殖充满热情、村队领导也给予高度重视但肉用家畜存栏仍然不足的村队。在这样的背景下，采用聘用的方式引入专业的技术力量成为一种高效且可行的选择。具体而言，可以由村队负责提供家畜和饲草资源，确保家畜养殖的基本条件得到满足。同时，以高薪聘请技术水平出众的配种员加入村队，专职负责家畜的品种改良工作。这些配种员不仅具备丰富的专业知识和实践经验，还能够为村队带来先进的养殖理念和技术手段，从而推动家畜养殖业的升级换代。为了确保改良工作的顺利进行，村队需要承担起家畜的组织管理等相关职责。这包括合理安排家畜的饲养、繁殖、疫病防治等各项工作，确保家畜的健康和生长发育。在此过程中，配种员应当详细记录配种情况，包括配种时间、配种方法、配种效果等关键信息，以便及时总结经验、发现问题并调整策略，以期达到最佳的改良效果。

3. 加强法律意识

对于村级防疫员这一特殊群体而言，他们所承担的防疫工作，远不止于法律条文的简单规定，而是一份沉甸甸的责任和使命，需要他们时刻牢记于心，并付诸行动。在执行防疫任务的过程中，防疫员们必须严格遵循工作规范和操作流程，尽职尽责地完成每一项工作。他们需要结合当地的实际情况，制订出具体而详尽的工作计划和任务清单，确保每一项工作都能得到有效落实。这样不仅能够保证防疫工作的连续性和稳定性，还能为未来的防疫检疫抽查提供准确可靠的数据和信息支持。

此外，防疫员们还应将畜牧生产作为核心工作方向，紧密围绕畜牧业的实际需求和发展趋势，提供有针对性的技术服务。他们需要严格控制技术服务的质量，确保每一项服务都能达到行业标准和农户期望。通过不断提升自身的专业能力和服务水平，防疫员们将能够为畜牧兽医技术的社会化推广和应用做出更大的贡献，助力畜牧业的持续健康发展。

第二节 畜牧兽医技术社会化服务的范围与边界

一、服务范围

（一）疫病预防与控制

1. 疫病预防

（1）疫苗接种

定期为畜禽接种疫苗是疫病预防与控制中的一项至关重要的措施。通过接种疫苗，可以有效提高动物对特定疫病的抵抗力，降低感染风险，从而保障畜牧业的健康稳定发展。疫苗接种计划的制订需要综合考虑多种因素，包括动物的种类、年龄、健康状况以及当地疫病流行情况等。不同种类的动物对疫苗的需求和反应可能存在差异，因此需要根据动物的特性选择适当的疫苗种类和接种方案。同时，动物的年龄和健康状况也会影响疫苗的接种效果，因此需要在制订计划时予以充分考虑。此外，当地疫病流行情况也是制订疫苗接种计划的重要依据。针对当地常见的疫病和高风险时期，需要制订相应的接种策略，以确保动物能够及时获得保护。同时，还需要密切关注疫病的动态变化，及时调整接种计划，以应对可能出现的新的疫情挑战。

（2）饲养管理

通过改善饲养环境、调整饲料配方以及控制饲养密度等精细化饲养管理措施，可以显著降低畜牧动物疫病发生的可能性。这些措施的实施，不仅是对动物健康负责，更是对畜牧业可持续发展的有力保障。首先，改善饲养环境是关键。保持养殖场所的清洁、干燥和通风良好，可以有效减少病原体的滋生和传播。合理的温度、湿度以及光照条件也有助于提升动物的舒适度，进而降低其应激反应，增强免疫力。其次，调整饲料配方同样重要。根据动物的生长阶段、营养需求以及当地饲料资源情况，科学合理地配制饲料，确保动物获得全面均衡的营养。优质的饲料不仅可以提高动物的生长性能，还能在一定程度上增强其抗病能力。最后，控制饲养密度也不容忽视。合理的饲养密度可以避免动物过度拥挤，减少因争抢食物、水源和空间而引发的争斗和应激。同时，适当的饲养密度还有助于管理人员更好地管理动物，及时发现并处理异常情况。

（3）生物安全

建立严格的生物安全制度是确保畜牧养殖场健康安全的关键环节。这一制度涵盖了多个方面，包括人员进出管理、全面的消毒措施以及废弃物处理等，旨在从源头预防和控制病原体的传播和扩散。人员进出管理是生物安全制度的核心内容之一。养殖场应设立明确的进出规定，对所有进出养殖区域的人员严格地进行登记和管理。这包括工作人员、访客以及任何可能接触到动物和养殖环境的人员。必要的健康检查和消毒程序也应在进入养殖区域前进行，以防止外部病原体被带入场内。消毒措施是防止病原体传播的重要手段。养殖场应制订详细的消毒计划，定期对养殖区域、动物圈舍、饲料和水源等进行全面彻底的消毒。同时，还要确保消毒剂和消毒方法的正确选择和使用，以达到最佳的消毒效果。此外，废弃物处理也是生物安全制度中不可忽视的一环。养殖场应建立科学的废弃物处理系统，对动物粪便、病死动物以及其他废弃物进行及时、安全、无害化的处理。这不仅可以减少病原体的滋生和传播，还有助于维护养殖环境的卫生和生态平衡。

2. 疫病控制

（1）疫病监测

定期对动物进行疫病监测是疫病预防与控制工作中的一项基础且至关重要的任务。通过系统地对动物进行检查，养殖人员和专业兽医可以及时发现动物身体上的异常情况，如体温异常、食欲减退、行为改变等，这些都可能是疫病发生的早期信号。一旦发现这些异常，必须立即采取措施，如隔离观察、调整饲养环境或饲料配方，甚至进行紧急治疗，以防止病情恶化或疫病扩散。此外，对于疑似病例，还需要借助实验室检测等手段进行进一步的确诊。实验室检测可以提供更为精确和客观的诊断结果，如通过血液检测、病原学检测等方法，可以明确动物是否感染了某种疫病，以及感染的严重程度和可能的传播风险。疫病监测不仅为后续的防控措施提供了科学依据，也帮助养殖人员和专业兽医更准确地判断疫情，从而制订出更有针对性的防控策略。

（2）疫情报告

一旦发现疫情，及时且准确地向相关部门报告是阻止疫病扩散的首要步骤。疫情的报告不仅仅是一个简单的信息传递过程，它涉及对疫情性质的判断、对疫情严重程度的评估，以及对应急响应措施的启动。因此，报告的及时性和准确性都至关重要。及时性意味着一旦发现疑似或确诊的病例，相关人员必须立即采取行动，按照既定的报告渠道，迅速将疫情信息上报至主管部门。

任何拖延都可能导致疫情进一步扩散，增加防控的难度和成本。而准确性则要求报告的内容必须真实、详尽，包括疫情的地点、涉及的动物种类和数量、疫情的临床表现、已采取的防控措施等信息。不准确的报告可能导致防控策略的误判，甚至可能引发更大的疫情危机。为了确保疫情报告的及时性和准确性，相关部门应建立高效的疫情报告系统，明确报告的责任人和报告流程，提供必要的培训和支持。同时，还应加强对疫情报告的监督和核查，确保报告的真实性和完整性。只有这样，才能在疫情面前保持冷静，迅速有效地应对，将损失降到最低。

（3）隔离与治疗

对患病动物进行隔离治疗是疫病控制中的一项关键措施。当在畜牧场中发现有动物患病时，必须立即将其与其他健康动物隔离开来，以防止疫情在健康动物中进一步传播和扩散。隔离措施应严格有效，确保患病动物无法与其他动物接触，从而切断病原体的传播途径。在进行隔离治疗的同时，还需要根据疫病的种类和严重程度，选择合适的治疗方法对患病动物进行积极治疗。不同的疫病可能需要使用不同的药物和治疗方案，因此必须请专业兽医进行诊断和治疗。治疗过程中应密切关注动物的病情变化和治疗效果，及时调整治疗方案，以确保患病动物能够得到最佳的治疗效果。此外，还需要对隔离治疗区域进行严格的消毒和清洁工作，确保环境的卫生和安全。对于治疗无效或病情严重的动物，应按照相关规定进行无害化处理，以防止疫情进一步扩散。

（二）饲养管理指导

1. 饲养环境管理

确保饲养场所干净、整洁是维护畜牧动物健康和提高生产效率的基础。良好的通风和光照条件有助于降低疾病风险，促进动物生长。因此，应定期清理饲养场所内的粪便、残留饲料等污物，保持环境清洁卫生。同时，定期对饲养场所进行全面消毒，以杀灭潜在的病原体，减少疫病的传播风险。此外，合理的饲养密度也是保障动物健康的重要因素。过度拥挤会导致动物间的竞争加剧，增加疾病传播的风险。因此，应根据动物的种类、生长阶段和饲养环境等因素，科学控制饲养密度，确保动物拥有足够的活动空间，以维持其正常的生理和行为需求。这样不仅可以提高动物的舒适度，还有助于提升生产效益和畜产品质量。

2. 饲料和水源管理

为了保障畜牧动物的健康和生产效益，提供营养均衡、符合生长需求的饲料至关重要。必须选择优质饲料，确保其包含动物所需的各种营养成分，以促进其健康成长。同时，严格避免使用过期或变质的饲料，这些饲料不仅营养价值降低，还可能含有有害物质，对动物健康造成严重威胁。此外，清洁、充足的水源对动物同样重要。应确保水源不受污染，防止动物因饮用不洁水而感染疾病。为此，需要定期对水源进行检查和检测，一旦发现水质问题，应立即采取措施解决，保障动物的饮水安全。

3. 健康管理

为了确保畜牧动物的健康和生产效益，定期进行健康检查是必不可少的。这些检查不仅包括观察动物的精神状态、食欲和粪便等日常表现，还需要进行必要的疫苗接种和驱虫，以预防常见疾病和寄生虫感染。通过细致的观察和科学的预防手段，可以及时发现并解决动物健康问题。一旦发现异常情况，如动物精神萎靡、食欲减退或粪便异常等，必须立即请专业兽医进行诊断和治疗。专业兽医具备丰富的临床经验和专业知识，能够迅速确诊并制订有效的治疗方案。及时的治疗不仅可以挽救动物的生命，还能避免病情恶化对生产效益造成更大损失。对于不幸病死的动物，必须严格按照相关规定进行无害化处理。这包括深埋、焚烧等方法，旨在彻底消除病原体，防止其扩散到其他动物或环境中。同时，对病死动物的处理也是对畜牧业生物安全的重要保障。

4. 应激管理

在畜牧业生产中，保持饲养环境和饲料配方的稳定对于减少动物的应激反应至关重要。频繁更换饲养环境或饲料配方会破坏动物已经适应的生活条件，引发不必要的应激，影响其健康和生产性能。因此，应尽量避免这种不必要的变动，为动物提供一个稳定、舒适的生活环境。在运输、转群等畜牧业生产过程中，也需要特别注意减少对动物的刺激和伤害。这些过程往往伴随着环境的变化和操作的干扰，容易引起动物的应激反应。为了减少这种应激，应合理安排运输和转群时间，保持操作过程的平稳和安静，避免对动物造成不必要的惊吓或伤害。对于已经处于应激状态的动物，应迅速识别并采取适当的措施进行缓解和治疗。这可能包括提供安静的环境、调整饲养条件、使用镇静剂或镇痛药等。通过及时有效的干预，可以帮助动物尽快恢复健康，减少应激对生产效益的负面影响。

5. 人员管理

饲养人员在畜牧业中扮演着举足轻重的角色，他们直接负责动物的日常照料与管理，因此具备基本的饲养知识和技能是不可或缺的。为了不断提升自身水平，他们还应定期参加培训和学习，确保掌握最新的饲养技术和理念。遵守饲养场的规章制度是饲养人员的职责所在，他们必须严格按照既定的饲养管理要求进行操作，不得随意更改或忽视任何环节。这种规范化的管理有助于确保动物的健康和生产效益。此外，定期对饲养人员进行健康检查也是一项重要措施，旨在确保他们不携带可能传播给动物的病原体，从而维护整个饲养场的生物安全。

（三）繁殖技术支持

1. 人工繁殖技术的进步

人工授精技术的革新与普及在畜牧业中带来了翻天覆地的变化。随着科技的不断进步，人工授精技术已经从最初的简单操作发展到如今的高效、精准水平。这一技术的革新不仅大大提高了动物的受孕率，还降低了繁殖过程中的疾病传播风险。同时，人工授精技术的普及也使得更多畜牧业从业者能够轻松掌握并运用这一技术，从而整体提升了畜牧业的繁殖效率。与此同时，胚胎移植技术在畜牧业中的应用与发展日益显著。通过胚胎移植，可以将优质动物的遗传物质传递给更多后代，加速种群的遗传改良。此外，这一技术还可以用于实现动物的跨品种、跨地域繁殖，为畜牧业的多样化发展提供了有力支持。随着技术的不断完善，胚胎移植在畜牧业中的应用前景将更加广阔。

2. 繁殖障碍的诊断与解决方案

识别与处理常见的繁殖障碍是畜牧业中提升繁殖成功率的关键步骤。在动物的繁殖过程中，可能会遇到多种障碍，如生殖器官疾病、内分泌失调、营养不良以及环境应激等。这些障碍若不及时识别和处理，将严重影响动物的繁殖效率和后代的健康。为了有效应对这些繁殖障碍，需要利用现代医疗手段进行准确的诊断和治疗。例如，通过血液检测、超声检查等先进技术，可以及时发现并定位问题所在。针对不同的繁殖障碍，可以采用药物治疗、手术治疗或营养调整等方案，帮助动物恢复健康并提升繁殖能力。

3. 繁殖管理与种群优化

制订科学的繁殖管理计划是提升畜牧业种群质量的重要前提。这一计划需要综合考虑动物的遗传背景、健康状况、生产性能以及市场需求等多个因素。通过科学的选配和繁殖策略，可以确保优良基因在种群中的传递和扩散，从而逐步提升种群的整体质量。遗传改良是实现这一目标的关键手段。通过利用现代生物技术，如基因编辑、基因标记辅助选择等，可以更加精准地选择和培育具有优良性状的个体。这些优良性状可能包括高产、优质、抗病、抗逆等，都是畜牧业生产中极为重要的经济性状。

（四）兽药与饲料销售

1. 了解客户需求

与客户保持沟通是兽药与饲料销售中至关重要的一环。通过定期的交流和互动，销售人员可以深入了解客户的养殖情况，包括养殖规模、品种、管理方式等，从而更准确地把握他们的需求和问题。这种了解不仅有助于销售人员为客户提供更贴合实际的产品推荐，还能在客户遇到养殖难题时，提供针对性的解决方案。例如，当客户反映动物生长缓慢时，销售人员可以根据动物的品种、年龄和饲养环境等因素，分析可能的原因，并建议调整饲料配方或改进饲养管理。这种个性化的服务不仅能有效解决客户的问题，还能增强客户对销售人员的信任和对产品的满意度。因此，与客户保持沟通并提供针对性的解决方案，是兽药与饲料销售中不可或缺的服务内容。

2. 提供优质服务

在兽药与饲料销售中，提供及时送货、技术支持以及优质的售后服务，是提升客户满意度和建立长期合作关系的关键。当客户下单后，确保产品能够按时、安全地送达目的地是至关重要的。这需要销售人员与物流团队紧密合作，优化配送路线，减少运输时间，确保饲料和兽药的新鲜度和有效性。除了及时送货，提供技术支持也是销售服务中不可或缺的一部分。当客户在使用产品或日常养殖中遇到问题时，销售人员应迅速响应，提供专业的指导和建议。这可能包括解答产品使用方法的疑问、提供疾病预防和治疗的建议，或协助解决饲养管理上的难题。此外，优质的售后服务同样重要。销售人员应定期回访客户，了解产品使用情况和养殖效果，收集反馈意见，以便不断完善产品和服务。对于客户的投诉或建议，销售人员应认真倾听，及时处理，并给予合理的解决方案，以维护良好的客户关系。

3. 关注市场动态

在兽药和饲料销售领域，市场的价格变化和政策调整对销售策略的制订具有至关重要的影响。作为一名专业的销售人员，必须时刻保持敏锐的市场洞察力，紧密关注这些动态信息。价格变化是市场供求关系的直接反映，也是调整销售策略的重要依据。销售人员需要定期收集和分析兽药和饲料的市场价格数据，了解价格波动的趋势和原因。当价格上升时，可以考虑增加库存、优化供应链或寻找更具成本效益的替代品；当价格下降时，则需要关注库存积压的风险，并考虑通过促销活动或拓展新客户来刺激销售。此外，政策调整也是影响兽药和饲料销售的重要因素。销售人员需要密切关注国家相关政策的发布和实施，如兽药使用规范、饲料添加剂管理政策等。这些政策的变化可能会带来市场准入门槛的提高、产品标签的修改或销售渠道的调整等挑战。因此，销售人员需要及时调整销售策略，确保产品合规上市并满足客户需求。

二、服务边界

（一）法律法规遵守

1. 法律法规的熟知与理解

掌握畜牧业相关的法律法规并深入理解其背后的原则与目的，是确保畜牧业健康、可持续发展的关键。畜牧业法律法规涵盖了动物福利、兽药使用、饲料安全、疫病防控等多个方面，旨在保障动物健康、产品质量和生态环境安全。通过系统学习和实践应用，从业者能够明确法律法规的界限和要求，确保日常经营活动的合规性。同时，深入理解法规背后的原则与目的，有助于从业者树立正确的经营理念，积极履行社会责任，推动畜牧业的可持续发展。

2. 合规经营的必要性与策略

明确合规经营对企业的重要性，是确保企业稳健发展的基础。在畜牧业中，合规经营不仅关系到企业的声誉和市场竞争力，更直接影响到企业的生存与发展。因此，制订并执行合规经营的策略与计划至关重要。通过建立完善的合规管理体系，加强员工的合规培训，确保企业日常经营活动的合法合规，企业能够降低法律风险，提升品牌形象，赢得客户和市场的信任。同时，合规经营也有助于企业更好地应对市场变化和政策调整，为企业的长远发展奠定坚实基础。

3. 法律法规变化的跟踪与应对

密切关注法律法规的更新与变化，是企业保持竞争力和规避风险的关键。畜牧业涉及的法律法规众多，且随着行业发展和社会需求的变化而不断调整。因此，企业必须时刻关注这些法律法规的动态，确保自身经营策略与最新法规要求保持同步。

当法律法规发生更新或变化时，企业应及时分析评估其对自身业务的影响，并据此调整经营策略、优化管理流程，以确保企业运营始终合法合规。这种对法律法规变化的敏锐洞察和快速响应，有助于企业在激烈的市场竞争中保持领先地位。

4. 内部合规管理体系的建立与完善

建立企业内部合规管理体系，是企业确保日常运营符合法律法规要求的重要举措。该体系通过设立专门的合规管理团队、明确合规流程与规范，形成了一套科学、高效的管理机制。为了确保这一体系的持续有效，企业还需定期进行合规审查与风险评估。通过审查，企业可以及时发现并纠正潜在的合规风险；而风险评估则有助于企业识别并应对可能对其运营产生不利影响的外部法律环境变化。这样的管理体系与审查评估机制，共同构成了企业稳健发展的法治保障。

5. 员工法律法规培训与教育

对员工进行法律法规培训，是企业确保合规经营的重要环节。通过定期组织培训活动，向员工普及畜牧业相关的法律法规知识，使其明确自身在工作中的权利与义务。这种培训不仅有助于提升员工的合规意识，让他们在日常工作中能够自觉遵守法律法规，还能提高员工的操作能力，使他们在面对具体问题时能够准确、迅速地作出合规判断和处理。这将有助于企业构建一个合规、高效、和谐的工作环境，为企业的长远发展奠定坚实基础。

6. 违规行为的预防与处理

制订预防措施是避免违规行为发生的关键，企业应通过明确的行为规范、完善的内部监管机制以及定期的合规培训，从源头上降低违规风险。当发现违规行为时，企业应立即采取行动，进行及时处理与纠正，确保问题得到迅速解决，防止事态恶化。这包括对相关责任人进行严肃处理，同时加强内部审查和监管，防止类似事件再次发生。通过制订预防措施和及时处理违规行为，企业能够维护良好的经营秩序，保障自身的稳健发展。

（二）道德伦理约束

1. 道德伦理原则的确立

明确企业或个人的道德伦理原则，是构建稳健经营和塑造良好形象的重要基石。在畜牧业中，这意味着要确立一系列指导行为的价值观念，如诚信、责任、公正和尊重。这些原则不仅反映了企业或个人的核心价值观，也为日常经营和决策提供了明确的道德方向。当面临复杂纷繁的商业抉择时，明确的道德伦理原则就像一盏明灯，指引着企业或个人在正确的道路上前行。它确保了在追求经济利益的同时，不会忽视对动物福利、环境保护和社会责任的关注。这样的原则不仅有助于规避潜在的道德风险，还能增强合作伙伴和消费者的信任，为企业或个人的长远发展奠定坚实的基础。因此，明确道德伦理原则，并将其融入日常决策中，是每一个畜牧业从业者都应秉持的核心理念。

2. 利益冲突与道德抉择

在畜牧业经营过程中，识别并处理利益冲突是一项至关重要的任务。当企业或个人面临多种利益诉求时，如经济效益与动物福利、短期利润与长期可持续发展之间的矛盾，利益冲突便不可避免。这时，坚守道德伦理原则成为解决冲突的关键。通过深入分析和权衡各种利益，企业或个人能够识别出潜在的冲突点，并寻求妥善的解决方案。在处理利益冲突时，应秉持公正、透明和负责任的态度，确保决策不仅符合法律法规，更经得起道德伦理的考验。当陷入道德困境时，作出正确抉择尤为重要。这要求企业或个人在面临重大抉择时，能够坚守道德底线，不为一时之利而损害长远利益和公共利益。通过审慎思考和咨询专业人士的意见，可以帮助企业在道德困境中找到最佳出路，维护自身声誉和社会信任。

3. 诚信经营与道德建设

倡导诚信经营、树立良好信誉是企业发展的基石。在畜牧业中，这意味着要坚守承诺，提供真实、准确的信息，不夸大宣传，不误导消费者。通过诚信经营，企业能够赢得客户的信任，建立良好的口碑，从而在激烈的市场竞争中脱颖而出。同时，加强道德建设、提升企业文化也是企业持续发展的关键。企业文化是企业的灵魂，它影响着员工的行为和思维方式。通过加强道德建设，培养员工的职业道德和责任感，企业能够形成积极向上的工作氛围，提高员工的凝聚力和归属感。这种文化氛围不仅能够提升企业的整体形象，还能够吸引更多优秀的人才加入，为企业的长远发展注入源源不断的动力。因此，倡导诚信经营、加强道德建设是畜牧业企业不可或缺的重要任务。

4. 道德监督与违规惩戒

建立道德监督机制是确保企业及其员工行为符合道德伦理要求的重要手段。在畜牧业中，这意味着要设立专门的机构或指定人员来负责监督道德规范的执行情况，确保所有经营活动都遵循道德原则。通过定期检查、内部审核以及员工举报等方式，道德监督机制能够及时发现并纠正潜在的违规行为，从而维护企业的良好形象和声誉。一旦发现违规行为，企业必须立即采取惩戒措施，以维护道德秩序和纪律的严肃性。这包括对相关责任人进行严肃处理，如警告、罚款、降级甚至解雇等，同时还要加强内部教育和宣传，让员工深刻认识到违规行为的严重性和后果。通过这样的道德监督机制和惩戒措施，企业能够确保自身及员工的行为始终符合道德伦理要求，为畜牧业的健康、可持续发展提供有力保障。

第三节 畜牧兽医技术社会化服务的价值与作用

一、畜牧兽医技术社会化服务的价值

（一）提升产业效益与竞争力

1. 优化饲养管理，降低生产成本

畜牧兽医技术社会化服务通过为养殖户提供专业的饲养管理建议和技术支持，实现了科学饲养的目标。在科学饲养的指导下，养殖户能够更加合理地配制饲料，提高动物的营养吸收效率，进而提高饲料转化率。这意味着同样的饲料投入可以获得更多的产出，有效降低了单位产品的生产成本。生产成本的降低直接提升了畜牧业的整体效益，使养殖户在激烈的市场竞争中占据有利地位。养殖户能够以更低的价格提供优质的畜产品，满足消费者的需求，赢得市场份额。同时，由于生产成本的降低，养殖户的盈利能力也得到提升，进一步激发了他们发展畜牧业的积极性和信心。

2. 强化疫病防控，减少养殖风险

疫病作为畜牧业不可忽视的一大风险，常常给养殖户带来巨大的经济损失。一旦疫病暴发，不仅动物会大量死亡，而且整个养殖场的生产秩序也会受到严重破坏。然而，畜牧兽医技术社会化服务的出现，为养殖户提供了有力的支持。这种服务通过专业的疫病监测，及时发现潜在的疫情，为养殖户赢得了宝贵的应对时间。同时，它还为养殖户提供全面的预防和治疗方案，指导他们如何科学地使用疫苗和药物，有效地控制疫病的扩散和蔓延。在畜牧兽医技术社会化服务的帮助下，养殖户能够更加从容地应对疫病风险，减少动物死亡和损失，从而降低了养殖风险。这不仅保障了畜牧业的稳定发展，也为养殖户带来了更高的经济效益。更重要的是，健康的畜群和优质的产品，进一步提升了畜牧业的产业竞争力，使其在市场中占据更有利的地位。

3. 引入良种繁育，提升产品质量

良种在畜牧业发展中扮演着至关重要的角色，它们是提升畜产品质量和产量的基石。畜牧兽医技术社会化服务深知这一点，因此积极致力于引进和推广各种优良品种。通过专业的评估和筛选，这些服务确保引进的品种不仅适应本地的气候和饲养条件，而且具有出色的生产性能和遗传潜力。这些优良品种的引入，迅速改善了畜群的结构，提升了整体的生产效率。随着畜群结构的优化，畜产品的质量和产量也得到了显著的提高。优质的畜产品不仅满足了消费者对美味、营养和安全的需求，还在市场上获得了更高的附加值。这意味着养殖户可以通过销售优质畜产品获得更高的收益，从而进一步激发了他们发展畜牧业的积极性。

4. 提供市场支持，增强营销能力

畜牧兽医技术社会化服务的作用不仅局限于生产环节的技术支持，更延伸至市场营销这一关键环节。深知市场营销对于畜牧业发展的重要性，这些服务致力于为养殖户提供全面而精准的市场信息和专业的营销策划支持。通过收集、整理和分析市场动态，这些服务帮助养殖户把握市场需求的变化趋势，了解消费者的偏好和购买行为。基于这些信息，养殖户能够更加

准确地定位自己的产品，制订符合市场需求的销售策略。同时，畜牧兽医技术社会化服务还提供营销策划方面的专业指导，帮助养殖户设计吸引人的产品包装、制订有效的推广方案，并利用各种渠道拓展销售市场。这些举措显著增强了养殖户的市场营销能力，提高了他们畜产品的市场占有率。

（二）促进资源优化配置

1. 技术资源的高效利用

畜牧兽医技术社会化服务致力于打破技术壁垒，实现技术资源的整合与共享。通过搭建平台、组织交流等方式，服务提供者将行业内先进的饲养管理、疫病防控等关键技术汇集一堂，并推动这些技术在实际生产中的广泛应用。这种服务模式不仅确保了技术的及时传播，更促进了技术与实践的深度融合，使畜牧业的整体技术水平得到显著提升。技术资源的优化配置在这一过程中发挥了关键作用。通过合理的资源配置，服务提供者确保了每项技术都能在最适合的领域得到应用，避免了技术的盲目引进和浪费。同时，资源的共享也减少了重复投入，提高了资源的利用效率。这种高效、精准的技术资源配置方式，为畜牧业的持续健康发展注入了强劲动力。

2. 资金资源的合理分配

在畜牧兽医技术社会化服务的推进过程中，资金资源的分配显得尤为重要。服务提供者深知，只有资金得到合理、有效的利用，才能最大程度地推动畜牧业的发展。因此，他们始终坚持以养殖户的实际需求和产业发展状况为导向，精心制订投资计划和资金使用方案。通过对养殖户的深入调研和产业发展趋势的准确判断，服务提供者确保了每一笔资金都能精准地投向最需要、最具潜力的领域。无论是用于引进先进设备、提升饲养管理水平，还是用于疫病防控、良种繁育等方面，资金都得到了高效利用。

3. 人才资源的优化配置

畜牧兽医技术社会化服务深知人才是推动畜牧业发展的核心力量。因此，在服务过程中，特别注重人才资源的培养和引进，努力打造一支高素质、专业化的畜牧兽医技术队伍。针对现有从业人员，服务提供者通过组织各类专业培训和教育活动，不断更新他们的知识和技能，提高其技术水平和综合素质。这使得从业人员能够更好地胜任工作，为畜牧业的发展提供有力的技术支撑。同时，服务提供者还积极引进外部优秀人才。通过与高校、科研机构等建立紧密合作关系，吸引更多有志于从事畜牧兽医事业的人才加入这个行业中来。这些新鲜血液的注入，为畜牧业的发展带来了新的思路和方法，推动了产业的创新和发展。

4. 信息资源的共享与利用

畜牧兽医技术社会化服务在推动畜牧业发展中，不仅注重技术和资金的投入，更加重视信息资源的开发与利用。为了打破信息孤岛，实现信息的高效流通与共享，服务提供者建立了完善的信息共享机制。这一机制通过多渠道收集、系统整理以及深入分析市场信息、行业动态、政策法规等关键信息，确保养殖户能够第一时间获取到最新、最准确的数据和信息。这些信息不仅涵盖了畜产品的价格走势、消费需求变化，还包括了新兴养殖技术、疫病防控动态等重要内容。养殖户在得到这些信息支持后，能够更加精准地把握市场动态，制订出符合市场趋势的生产和销售策略。这不仅有助于规避市场风险，减少盲目生产带来的损失，更能够提高产品的市场竞争力，为养殖户赢得更多的市场份额和利润空间。因此，信息资源的优化配置在畜牧兽医技术社会化服务中起到了举足轻重的作用。

二、畜牧兽医技术社会化服务的作用

（一）促进畜牧产业现代化

1. 科技引领产业升级

通过引入先进的畜牧科技，畜牧产业正迎来一场深刻的变革。智能化养殖设备、精准饲养管理系统等先进技术的应用，不仅极大地提高了生产效率，使得养殖过程更加精准、高效，而且显著降低了生产成本，让养殖户能够获得更多的经济回报。更为重要的是，这些科技的应用还有效地提升了畜产品的质量和安全水平。智能化设备可以实时监控养殖环境，确保畜禽在最佳状态下生长；精准饲养管理系统则能够根据畜禽的生长阶段和营养需求，提供精准、科学的饲养方案。这些措施共同作用下，使得畜产品的品质得到了大幅提升，消费者的健康也得到了更好的保障。因此，科技的引入是推动畜牧产业向科技化、智能化方向升级的关键，也是实现畜牧产业可持续发展的重要途径。

2. 标准化与规模化发展

为了推动畜牧产业的持续健康发展，实现标准化生产成为一项紧迫的任务。通过制订并执行严格的行业标准，可以确保畜产品在生产、加工、储存和运输等各个环节都符合质量要求，从而保障消费者的权益和健康。标准化生产不仅能够提高畜产品的质量和安全水平，还能够促进畜牧产业与国际接轨，提升我国畜产品的国际竞争力。同时，鼓励规模化经营也是推动畜牧产业现代化的重要手段。通过整合资源和优化配置，规模化经营可以实现生产要素的集中投入和高效利用，降低生产成本，提高生产效率。此外，规模化经营还能够促进畜牧产业的专业化分工和协作，形成产业链上下游的紧密合作，提升畜牧业的整体效益和市场竞争力。因此，推动畜牧产业实现标准化生产并鼓励规模化经营，是促进畜牧产业现代化的必由之路。

3. 绿色可持续发展

在畜牧产业的发展进程中，环境保护与资源循环利用成为不可忽视的关键环节。为了实现畜牧产业与生态环境的和谐共生，必须注重推广生态养殖模式，这种模式强调在养殖过程中减少对环境的污染，同时充分利用和循环利用各种资源。通过采用科学的饲养管理、合理的粪便和废水处理等手段，可以有效地降低养殖对环境的负担。此外，积极推动畜牧产业向绿色、低碳、可持续发展方向转型也是的重要目标。这意味着需要在产业发展中融入更多的环保理念和技术，推动畜牧产业从传统的高污染、高耗能模式向绿色、环保、低碳模式转变。通过转型，不仅可以提升畜牧产业的环境友好性，还能为其在日益激烈的国际竞争中赢得更多优势，实现经济与环境的双赢。

4. 深化产业链条整合

畜牧产业的上下游环节如饲料供应、养殖、屠宰、加工与销售等，各自独立却又紧密相连。为了提升整个产业的效率和竞争力，加强这些环节之间的协同合作显得尤为重要。通过整合各环节的资源，可以确保饲料供应的稳定与优质，提高养殖环节的技术水平与管理效率，优化屠宰与加工流程以减少浪费并提升产品附加值，同时拓宽销售渠道以实现更好的市场对接。这种全产业链的优化配置和高效运转，不仅有助于降低生产成本、提高产品质量，还能增强畜牧产业抵御市场风险的能力。面对市场波动时，各环节能够迅速响应、协同作战，共同应对挑战，确保畜牧产业的稳健发展。因此，加强上下游的协同合作，形成紧密的产业链条，是推动畜牧产业现代化的重要战略举措。

5. 强化政策扶持与引导

政府在畜牧产业现代化进程中扮演着举足轻重的角色。为了推动畜牧产业向高质量发展方向迈进，政府应当进一步加大对畜牧产业现代化的政策扶持力度。这包括提供财政补贴，以降低养殖户的经营成本，鼓励他们采用先进技术和设备；实施税收优惠，减轻畜牧企业的税收负担，提升其市场竞争力；提供信贷支持，帮助畜牧企业解决资金瓶颈，推动其扩大规模、提升产能。同时，政府还需要加强政策引导，明确畜牧产业的发展方向和目标。通过制订科学合理的产业规划、出台相应的政策措施，引导畜牧产业向集约化、规模化、标准化、绿色化方向发展。在政策与市场的双重驱动下，畜牧产业将不断实现现代化转型，为我国农业经济的持续健康发展注入新的活力。

6. 提升从业者素质与技能

畜牧产业的现代化离不开高素质的人才队伍。为了提升畜牧产业的整体水平，加强从业者的培训与教育至关重要。通过定期举办专业技能培训、经营管理知识讲座等活动，可以帮助从业者掌握先进的养殖技术、了解市场动态和经营管理理念，从而提高他们的专业技能和综合素质。此外，还应注重培养从业者的创新意识和学习能力，使他们能够适应畜牧产业不断变化的需求。通过持续的努力，可以培养出一支既懂技术、又善经营，还会管理的现代畜牧产业人才队伍。这支队伍将成为推动畜牧产业现代化的重要力量，为产业的持续健康发展提供坚实的人才保障。他们的专业知识和实践经验将促进畜牧产业的技术创新和管理升级，为产业的繁荣和进步贡献智慧和力量。

（二）提升农民收入与生活水平

畜牧兽医技术社会化服务在推动农村地区畜牧业发展中扮演着举足轻重的角色。它为农民提供了便捷、高效的技术支持和服务，成为解决畜牧业生产中实际问题的有力抓手。通过专业的技术指导和咨询服务，农民能够及时获取养殖、疫病防治、饲料配方等方面的最新知识和技术，有效提升饲养管理水平和动物健康水平。这种社会化服务模式的出现，不仅让农民在畜牧业生产中少走了弯路，还帮助他们降低了生产成本和风险。以往，农民在面对养殖难题时，往往缺乏有效的解决途径，而畜牧兽医技术社会化服务则填补了这一空白。专业的技术人员能够深入田间地头，为农民提供量身定制的解决方案，确保畜牧业的健康发展。

随着饲养管理和动物健康水平的提升，农民的畜牧业收入也得到了显著增加。通过采用先进的养殖技术和疫病防治措施，农民能够提高动物的成活率和生长速度，进而增加出栏量和销售收入。同时，畜牧兽医技术社会化服务还帮助农民优化了饲料配方，降低了饲养成本，进一步提高了经济效益。收入的增加不仅提高了农民的生活质量，也为他们提供了更多的发展机会。农民有了更多的资金投入到畜牧业生产中，可以扩大养殖规模、引进优良品种、提升设施设备水平，从而实现畜牧业的可持续发展。这种良性循环不仅让农民尝到了甜头，也为农村地区的整体经济发展水平注入了新的活力。

（三）优化农业产业结构

1.促进畜牧业发展，调整农业产业比重

畜牧兽医技术社会化服务通过为农业生产者提供一系列先

进且实用的支持，如养殖技术、疫病防治策略以及精准的市场信息服务，显著地推动了畜牧业的持续健康发展。这些服务不仅增强了畜牧业抵抗风险的能力，还提高了其生产效率和经济效益。随着畜牧业的不断繁荣，其在农业产业结构中的地位日益凸显，畜牧业比重得到显著提升，进而实现了农业产业结构的整体优化。这种优化不仅单纯地反映在畜牧业产值的稳步增长上，更重要的是，畜牧业对农业整体经济增长的贡献率也在持续提高。这种贡献不仅体现在直接的经济收益上，还包括通过畜牧业发展带动的相关产业链条的兴起和壮大，以及对农村地区就业和社会稳定的积极影响。

2. 推动农业产业链完善，提升附加值

畜牧兽医技术社会化服务在推动畜牧业不断向前发展的同时，也在无形中助力了农业产业链的日臻完善。通过积极引入并推广先进的养殖技术与管理模式，畜牧业的生产效率得到了显著的提升，进而使得农产品的质量与安全性也迈上了新的台阶。这种进步不仅增强了消费者对农产品的信心，更为农业产业链上下游的协同发展奠定了坚实的基础。于是，随着畜牧业的繁荣，饲料加工、兽药生产、肉制品加工等相关行业也纷纷兴起，形成了紧密的产业链条。这种协同发展的态势，不仅提升了农业的整体附加值，还为农村经济的多元化发展注入了新的活力。同时，这也为农民提供了更多的就业机会和增收渠道，进一步推动了农村地区的经济繁荣和社会稳定。

3. 引导农业生产者转变观念，推动农业现代化

畜牧兽医技术社会化服务在深入农村、服务农民的过程中，不仅提供了实用的技术支持，更扮演着农业生产观念的重要传播者。他们通过广泛宣传先进的养殖理念、科学的管理方法以及现代化的农业生产技术，成功引导广大农业生产者逐步转变观念，摒弃传统的粗放式养殖方式，积极向现代化、集约化、生态化的养殖模式转变。这种转变不仅显著提高了农业生产效率，降低了生产成本，更在保护农业生态环境、促进农业可持续发展方面发挥了积极作用。随着这种转变的深入推进，农业现代化的进程也在不断加快，农村地区的经济社会发展面貌焕然一新。因此，畜牧兽医技术社会化服务在推动农业现代化进程中扮演着不可或缺的重要角色，为农业的持续健康发展注入了新的活力。

（四）维护公共卫生与生态安全

1. 保障动物源性食品安全，维护公共卫生

畜牧兽医技术社会化服务在维护公共卫生安全方面发挥着至关重要的作用。通过为农业生产者提供疫病防治、检疫监测等专业技术支持，这些服务确保了动物的健康与无疫病状态，从而从源头上保障了动物源性食品的安全性和可靠性。这种专业技术支持的引入，有效地遏制了动物疫病的传播和扩散，大大降低了人类因接触或食用染病动物而感染疫病的风险。这不仅保护了消费者的健康权益，也为维护公共卫生安全筑起了一道坚实的防线。同时，畜牧兽医技术社会化服务还注重加强养殖环节的监管和指导。他们积极推动农业生产者合理使用兽药和饲料添加剂，避免滥用和误用造成的食品安全隐患。通过提供专业的指导和建议，帮助畜牧业生产者建立科学、规范的养殖管理体系，进一步保障了动物产品的质量安全。这种全方位的监管和指导，不仅提升了动物产品的品质和市场竞争力，也为保障公共卫生安全提供了有力的支撑。因此，畜牧兽医技术社会化服务在维护公共卫生安全方面发挥着不可或缺的重要作用，为社会的和谐稳定和人民的健康福祉贡献了巨大力量。

2. 促进畜牧业绿色发展，保护生态环境

畜牧兽医技术社会化服务在推动畜牧业绿色发展的过程中，特别注重推广生态养殖技术和循环农业模式。他们深知传统养殖方式对环境的压力，因此积极引导农业生产者转变发展观念，采用更加环保、可持续的养殖方法。通过精心组织培训、实地示范以及提供技术咨询等服务，帮助农业生产者掌握生态养殖的核心技术和管理方法。为了实现畜牧业的绿色发展，服务团队还强调科学规划养殖布局的重要性。他们根据当地资源环境承载能力，指导畜牧业生产者合理安排养殖规模和品种结构，确保养殖活动与自然环境相协调。同时，他们还大力推广养殖废弃物的资源化利用技术，如畜禽粪便的沼气发电、有机肥生产等，不仅减少了废弃物的排放，还实现了资源的再利用。此外，畜牧兽医技术社会化服务还关注草原生态系统的保护。他们通过宣传草原保护的重要性，加大监管和执法力度，防止过度放牧和非法开垦等行为对草原的破坏。同时，积极推广草畜平衡发展理念，指导畜牧业生产者合理利用草原资源，实现畜牧业与草原生态的和谐发展。这些措施不仅有助于维护生态平衡和生物多样性，也为畜牧业的可持续发展奠定了坚实基础。

3. 提升应急处置能力，有效应对公共卫生和生态安全事件

畜牧兽医技术社会化服务在推动农业现代化进程中，不仅致力于提升农业生产者的疫病防治和生态保护意识，更重视自身的应急处置能力建设。在应对突发公共卫生和生态安全事件时，快速、有效的响应至关重要。因此，服务团队通过不断建立健全应急预案体系，确保在紧急情况下能够迅速启动应急响应机制，有序开展处置工作。为了增强应急处置能力，畜牧兽医技术社会化服务还加强了应急物资储备和队伍建设。他们根据可能发生的各类紧急事件，提前储备了必要的防疫物资、救治设备和应急生活用品，确保在关键时刻能够迅速调配使用。同时，注重培养具备专业知识和实战经验的应急队伍，通过定期培训和演练，提高队伍的快速反应和协同作战能力。在紧急情况发生时，畜牧兽医技术社会化服务能够迅速响应，启动应急预案，调动储备物资和应急队伍，采取有效措施进行处置。他们与相关部门紧密协作，形成合力，最大限度地减少损失和影响，保障人民群众的生命财产安全和生态环境安全。这种强大的应急处置能力，为农业生产者提供了坚实的后盾，也为社会的和谐稳定贡献了重要力量。

第二章
畜牧兽医技术社会化服务新模式探索

第一节 "互联网+"畜牧兽医技术服务

一、"互联网+"背景下的畜牧兽医技术革新

（一）互联网技术的深度融入

随着互联网技术的迅猛发展，畜牧兽医领域正迎来一场深刻的变革。这场变革的核心，便是互联网与畜牧兽医技术的深度融合。这种融合不仅仅是一种表面的结合，更是一种深入到技术核心层面的交融，为畜牧兽医领域注入了新的活力和动力。在传统模式下，畜牧兽医技术服务往往受到时间和空间的限制，生产者需要亲自前往兽医站或相关机构寻求帮助，不仅耗费时间和精力，还可能因为信息传递不畅而错过最佳治疗时机。然而，随着互联网技术的融入，这些限制被逐一打破。

通过互联网平台，畜牧兽医技术服务得以实现线上线下相结合，生产者可以随时随地获取专业的技术指导和服务。无论是疫病防治、饲养管理还是市场分析，都能在互联网上找到及时、准确的信息和资源。这种便捷性不仅大大提高了服务的效

率，也使得生产者能够更加主动地掌握养殖知识和技术，提升自身的养殖水平。同时，互联网技术的融入也推动了畜牧兽医技术服务的创新。借助大数据、云计算等先进技术，可以对养殖数据进行深度挖掘和分析，为生产者提供更加精准、个性化的服务。此外，通过互联网平台还可以实现远程诊疗、在线培训等功能，进一步丰富了畜牧兽医技术服务的内容和形式。

（二）数据化与智能化的畜牧兽医技术

在"互联网+"的时代背景下，畜牧兽医技术正迎来一场深刻的变革，其发展方向日益趋向数据化和智能化。这种变革并非偶然，而是互联网技术迅猛发展、大数据和人工智能等前沿技术广泛应用的必然结果。传统的畜牧兽医技术服务往往依赖于兽医的经验和直觉，虽然这些经验和直觉在某些情况下具有一定的参考价值，但难免存在主观性、片面性和不确定性。然而，在大数据分析和人工智能算法的助力下，现代畜牧兽医技术已经能够实现对动物疫病的精准预测、快速诊断和有效防控，从而极大地提高了服务的精准度和效率。

借助大数据技术，可以对海量的养殖数据、疫病历史数据、环境数据等进行深度挖掘和分析，揭示出疫病发生的规律、传播路径和影响因素。这种基于数据的精准预测，不仅可以帮助生产者提前做好防范措施，降低疫病发生的风险，还可以在疫病发生时迅速找到有效的应对策略，减少损失。同时，通过对数据的实时监测和分析，还可以及时发现养殖过程中的问题，为生产者提供针对性的改进建议，从而帮助他们提升养殖水平和经济效益。此外，人工智能算法在畜牧兽医技术中的应用也日益广泛。通过训练和优化算法模型，可以实现对动物疫病的自动化诊断和智能化防控。这种智能化的畜牧兽医技术不仅可以减轻兽医的工作负担，提高诊断的准确性和效率，还可以为生产者提供更加个性化、科学化的防治建议和治疗方案。

（三）多元化的服务体系构建

"互联网+"背景下的畜牧兽医技术革新，其深远影响不仅局限于技术层面的突破，更体现在服务体系的全面升级和多元化构建上。这一变革的核心在于，通过互联网平台的高效连接和资源整合，传统畜牧兽医服务的边界被打破，一个更加开放、多元、互动的服务体系正在逐步形成。在这个新的服务体系中，生产者、畜牧兽医专家、相关企业以及政府部门等多方资源得以有机连接。互联网平台如同一个巨大的纽带，将这些原本分散、独立的个体紧密联系在一起，形成一个资源共享、信息互通、协同创新的网络共同体。生产者是这个服务体系的核心受益者。他们可以通过互联网平台，随时随地获取到最新的畜牧兽医技术信息、市场动态以及政策法规等，从而更加科学、精准地进行养殖管理和决策。同时，他们还可以直接与畜牧兽医专家进行在线交流、咨询，及时解决养殖过程中遇到的各种问题，大大提高了养殖的效率和效益。畜牧兽医专家则借助互联网平台，将自己的专业知识和经验进行广泛传播和分享，帮助更多的生产者解决实际问题。同时，他们也可以从平台上获取到最新的科研成果、技术动态以及市场需求等信息，为自己的科研和教学工作提供有力支持。

相关企业则通过互联网平台，实现了与生产者、畜牧兽医专家等的深度合作。他们可以提供更加精准、个性化的产品和服务，满足生产者的多样化需求。同时，他们也可以利用平台上的大数据资源，进行市场分析、产品研发和营销策略优化等，提升企业的竞争力和市场占有率。政府部门在服务体系中也发挥着重要作用。他们可以通过互联网平台，更加及时、准确地了解基层的畜牧兽医工作情况和生产者的需求，为政策制订和决策提供有力依据。同时，他们也可以利用平台上的信息化手段，加强对畜牧兽医行业的监管和服务，推动行业的健康、有序发展。

（四）创新驱动下的畜牧兽医技术发展

创新驱动下，畜牧兽医技术不断突破传统思维的桎梏和既有技术的限制。过去，畜牧兽医技术服务往往受到地域、时间、人力等多种因素的制约，导致服务效率和质量难以得到有效提升。然而，在"互联网＋"的助力下，这些难题正被逐一攻克。互联网平台的广泛应用，使得畜牧兽医技术服务得以跨越地域的鸿沟，延伸到更广阔的领域。无论是城市还是乡村，生产者都能通过互联网获取到及时、专业的技术指导和服务。同时，借助大数据、云计算等先进技术，畜牧兽医服务还可以实现全天候在线，随时响应农业生产者的需求，大大提高了服务的及时性和有效性。

在技术创新方面，畜牧兽医领域也涌现出许多令人瞩目的成果。例如，通过应用物联网技术，可以实现对动物健康状况的实时监测和预警；利用人工智能算法，可以对疫病进行快速诊断和精准防控；借助虚拟现实技术，还可以为生产者提供更加直观、生动的培训和教育服务。这些创新技术的应用，不仅提升了畜牧兽医技术服务的水平和质量，更让生产者感受到了科技带来的巨大便利和实惠。除了经济效益的提升外，"互联网＋"时代下的畜牧兽医技术创新还带来了显著的社会效益。通过提高疫病防控能力和养殖效率，可以有效减少动物疫病的发生和传播，保障畜牧业的健康稳定发展；同时，通过推动畜牧兽医技术的普及和进步，还可以促进农村经济的繁荣和农民收入的提高，为乡村振兴贡献一份力量。

二、在线诊疗：畜牧兽医技术服务的数字化转型

（一）在线诊疗的技术支撑

在线诊疗的实现与互联网技术的深入应用紧密相连。在畜牧兽医领域，传统的诊疗方法往往受限于时间、空间和人力资源，难以做到及时、准确和高效。然而，随着大数据、云计算、人工智能等前沿技术的不断发展，这些技术难题正逐步被攻克。大数据技术的应用使得可以收集、存储和处理海量的畜牧兽医相关数据。这些数据包括但不限于动物的健康记录、疫病发生的历史数据、养殖环境的监测数据等。通过对这些数据的深度挖掘和分析，可以发现隐藏在其中的规律和趋势，从而实现对动物疫病的精准预测。这种预测不仅可以提前警示生产者，还可以指导他们制订科学的养殖计划和防疫措施。

云计算技术则为在线诊疗提供了强大的计算能力和数据存储能力。通过云计算平台，可以将复杂的计算任务和数据存储需求交给云端来处理，大大提高了诊疗的效率和准确性。同时，云计算的弹性扩展特性也使得在线诊疗服务可以轻松应对不同规模的用户需求，保证了服务的稳定性和可用性。人工智能技术则在在线诊疗中发挥着越来越重要的作用。通过训练和优化算法模型，可以实现对养殖环境的实时监测和自动调节。例如，利用传感器收集到的环境数据，结合人工智能算法，可以自动调节养殖场的温度、湿度和通风等参数，为动物提供一个舒适、健康的生长环境。这种智能化的养殖管理方案不仅可以提高养殖效率，还可以降低疫病发生的风险。

（二）在线诊疗的服务模式

在线诊疗的服务模式在畜牧兽医技术服务领域展现出了多样性和灵活性的显著特点。借助互联网平台，这一服务模式彻底打破了时间和空间的限制，让生产者可以随时随地进行在线咨询和问诊。无论是遇到突发的动物疫病问题，还是需要日常的养殖管理建议，生产者都能通过简单的操作，及时获取到专业的畜牧兽医技术指导和服务。这种在线诊疗的服务模式不仅提供了便捷性，更重要的是，它能够根据农业生产者的实际需求，提供高度个性化的防治建议和治疗方案。每个农场、每个养殖户的情况都是独一无二的，他们的需求也因此而多样化。在线诊疗平台通过收集和分析用户的数据，能够精准地了解他们的需求，进而提供量身定制的解决方案。这种个性化的服务方式无疑大大提高了服务的针对性和有效性。

除了提供实时的在线咨询和个性化的解决方案外，许多在线诊疗平台还提供了丰富的在线培训和教育服务。这些服务内容包括但不限于养殖技术、疫病防治、动物营养等方面的课程和培训。通过这些在线资源，生产者可以系统地提升自己的养殖技能和管理水平，从而更好地应对养殖过程中的各种挑战。这种在线培训和教育的方式不仅灵活方便，而且能够持续不断地为生产者提供新的知识和技能，有助于推动畜牧业的持续发展和创新。

（三）在线诊疗的挑战与对策

虽然在线诊疗在畜牧兽医技术服务领域具有便捷性、高效性和个性化等诸多优势，但在实际推广应用过程中，确实也面临着一些不容忽视的挑战。其中，生产者的信息化素养参差不齐便是一个突出的问题。由于地域、教育水平、经济条件等多种因素的影响,生产者对互联网技术和在线诊疗服务的接受程度和使用能力存在较大的差异。这种差异不仅影响了在线诊疗服务的普及和推广,也在一定程度上制约了服务的质量和效果。为了解决这个问题,需要加强信息化培训和普及工作。通过组织线上线下的培训课程、制作通俗易懂的教程和宣传材料,提高生产者对互联网技术和在线诊疗服务的认知和理解。同时,还可以利用社交媒体、合作社等渠道,加强信息的传播和交流,形成一个良好的学习氛围,帮助生产者逐步提升信息化素养。

除此之外,互联网平台的监管机制尚不完善也是在线诊疗面临的一个重要挑战。由于互联网环境的复杂性和匿名性,一些不法分子可能会利用在线诊疗平台进行欺诈活动,损害生产者的利益。同时,部分平台在服务质量和信息安全方面也存在一定的隐患。为了保障在线诊疗服务的规范性和安全性,需要建立完善的监管机制和法律法规。一方面,政府和相关部门应加大对在线诊疗平台的监管力度,建立严格的准入制度和审核机制,确保平台提供的服务真实可靠。另一方面,也需要制订和完善相关的法律法规,明确各方的权利和义务,为在线诊疗服务的健康发展提供有力的法律保障。同时,加强互联网技术和法律专业人才的培养,提升监管和执法的能力和水平,也是必不可少的措施。

(四)在线诊疗的发展前景

展望未来,互联网技术的持续进步与创新,以及畜牧兽医领域日益增长的多元化需求,共同为在线诊疗描绘了一幅充满无限可能的美好蓝图。坚信随着互联网技术的不断升级,未来的在线诊疗服务将呈现出更加智能化、自动化和个性化的特点,为生产者带来前所未有的便捷与高效。智能化技术的应用将使在线诊疗具备更强的自主学习和决策能力。借助先进的大数据分析和人工智能算法，在线诊疗系统能够自动识别动物的健康状态，精准预测疫病风险，并给出个性化的诊疗建议。这种智能化的服务模式将极大地提升诊疗的准确性和时效性，帮助生产者迅速应对各类养殖问题。

自动化技术的融入则将使在线诊疗服务更加便捷高效。通过物联网技术的广泛应用，可以实现对养殖环境的实时监控和自动调节，确保动物生活在最佳的环境中。同时，自动化的诊疗流程也将大大减少人为干预和错误，提高服务的稳定性和可靠性。个性化服务是未来在线诊疗的核心竞争力。随着用户数据的不断积累和挖掘，将能够更深入地了解生产者的实际需求，为他们提供量身定制的诊疗方案和服务体验。这种个性化的服务模式将使生产者感受到前所未有的关注与尊重，进一步增强他们对在线诊疗服务的信任和依赖。

三、数据驱动：精准养殖与疫病预防的新路径

（一）数据驱动的养殖变革

随着科技日新月异的发展，数据逐渐渗透到畜牧兽医领域的各个层面，正悄然改变着传统养殖业的格局和面貌。数据驱动养殖决策，已不再是空中楼阁式的理念，而是落地生根，成为现代养殖业不可或缺的一环。在传统养殖模式下，生产者往往依赖经验和直觉来做出决策，这种方式存在很大的不确定性和风险。而现在，通过先进的数据收集和分析技术，生产者可以获取到养殖过程中海量的、多维度的数据，包括动物的生长数据、饲料消耗数据、环境参数数据等。这些数据如同一个个

信息拼图，当它们被巧妙地拼接在一起时，便能够揭示出动物生长的秘密和规律。

通过对这些数据的深入挖掘和分析，生产者可以更加精准地掌握动物的生长状况，了解它们在不同生长阶段的营养需求、生理变化以及潜在的疫病风险。这些信息为制订个性化的养殖计划和管理策略提供了有力的数据支撑，使得生产者可以更加科学、精准地进行养殖管理。这种数据驱动的养殖模式变革，不仅显著提高了养殖的效率和产量，更在降低养殖成本方面取得了显著成效。通过对数据的精准分析和应用，生产者可以更加合理地配置饲料、水资源等生产资料，减少浪费和损耗；同时，还可以及时发现并解决养殖过程中的问题，降低疫病发生的风险和损失。这些改进不仅提升了生产者的经济效益，也为整个畜牧业的可持续发展注入了新的活力。

（二）疫病预防的数据支撑

在疫病预防方面，数据的应用已经变得日益重要，它不仅是指导行动的关键，更是保障养殖业健康稳定发展的基石。历史疫病数据，如同一本厚重的教科书，记录着过去疫病的发生、发展和防控过程。通过对这些数据的挖掘和分析，能够洞察疫病的传播规律，理解哪些环境因素、管理因素或生物因素可能促进了疫病的暴发。这些信息，就像一盏明灯，照亮了前行的道路，为制订有效的疫病预防措施提供了宝贵的数据支撑。举个例子，通过分析历史数据，发现某种疫病的暴发与养殖场的湿度水平有着密切的关系。于是，可以针对这一发现，制订相应的湿度管理策略，通过调整通风、增加除湿设备等措施，将养殖环境的湿度控制在适宜范围内，从而降低疫病暴发的风险。

此外，实时监测养殖环境中的各项数据，如温度、湿度、空气质量等，也是预防疫病的重要手段。这些数据能够反映养殖环境的实时状况，帮助及时发现潜在的疫病风险。比如，当空气质量监测数据显示氨气浓度超标时，便可以迅速采取措施，如增加通风、减少饲料投喂量等，以提高空气质量，防止疫病的发生。值得一提的是，数据的应用不仅限于指导采取具体的防控措施，它还能够帮助评估防控措施的效果，从而进行针对性的调整和优化。比如，在实施某项疫病预防措施后，可以通过收集和分析相关数据，评估该措施的实际效果，如果效果不理想，则可以及时调整策略，以确保疫病预防工作的有效性和针对性。

（三）数据驱动的精准决策

数据驱动的精准决策在精准养殖与疫病预防中占据核心地位，它如同养殖业的"智慧大脑"，为生产者提供了前所未有的决策支持。通过对养殖数据和疫病数据的深度分析和挖掘，能够更加深入地了解动物的生长状况、疫病发生规律以及养殖环境的细微变化。这些宝贵的信息为制订精准、个性化的养殖策略和疫病防控措施提供了坚实的数据基础。在养殖计划的制订方面，数据驱动的决策支持能够帮助生产者根据动物的生长曲线、营养需求预测等因素，制订出更加科学合理的养殖计划。这种计划不仅确保了动物获得均衡的营养，还能够降低饲料浪费，提高养殖效益。同时，通过对实时数据的监测和分析，可以及时调整养殖计划，确保动物在不同生长阶段都能得到最佳的生长环境和营养支持。在饲料配方的优化方面，数据驱动的决策支持同样发挥着重要作用。通过收集和分析动物的采食数据、生长数据以及饲料成分数据等信息，可以优化饲料配方，提高饲料的利用率和动物的生长速度。这种优化不仅能够降低饲料成本，还能够减少养殖过程中对环境的污染。

在疫病预防措施的选择方面，数据驱动的决策支持提供了更加科学、有效的选择。通过对历史疫病数据的分析，可以了解疫病的传播规律、影响因素以及易感动物群体等信息。这些信息为制订针对性的疫病预防措施提供了重要依据。同时，实时监测养殖环境中的各项数据，如温度、湿度、空气质量等，也可以帮助及时发现潜在的疫病风险，迅速采取防控措施，避免疫病的暴发和传播。值得一提的是，数据驱动的精准决策不仅局限于养殖计划和疫病预防措施的制订，它还能够根据实时数据反馈进行动态调整和优化。通过对养殖环境和动物生长状况的实时监测，可以及时发现养殖过程中出现的问题，如动物生长异常、疫病早期迹象等。这些问题一旦被发现，就可以迅速采取相应措施进行调整和优化，确保养殖过程的顺利进行和疫病的有效控制。

（四）数据安全与隐私保护

在享受数据驱动带来的便利和效益的同时，必须清醒地认识到数据安全和隐私保护的重要性。在这个信息化、数字化的时代，数据已经成为一种重要的资产，而生产者的养殖数据和疫病数据更是具有极高的价值。这些数据中往往包含了个人的隐私信息、商业秘密以及企业的核心竞争力，一旦泄露或被滥用，将会给生产者带来无法估量的损失和风险。想象一下，如果某个不法分子获取了生产者的养殖数据，他们可能会利用这些数据进行非法交易，或者进行恶意攻击，导致生产者的经济利益受到严重损害。同样，如果疫病数据被泄露，不仅可能导致疫情扩散，还可能对生产者的声誉和市场竞争力造成毁灭性打击。因此，保障数据的安全和隐私已经成为一项紧迫而重要的任务。

为了解决这个问题，需要建立完善的数据安全和隐私保护机制。首先，必须确保数据的合法采集。这意味着在收集数据时，必须遵循相关的法律法规，尊重生产者的隐私权，明确告知他们数据的使用目的和范围，并获得他们的明确同意。其次，数据的存储和使用也必须严格遵守相关规定，确保数据不被非法访问、篡改或泄漏。这可能需要采用先进的加密技术、访问控制机制以及安全审查措施等手段来保障数据的安全性。除此之外，还需要加强对数据安全的监管和惩罚力度。政府和相关部门应该制订更加严格的数据保护法律法规，并加大对违法行为的打击力度，让违法者付出应有的代价。同时，生产者自身也应该提高数据安全意识，加强对数据的管理和保护，确保自己的合法权益和信息安全。

四、远程教育：提升畜牧兽医从业者专业技能

（一）远程教育的重要性

畜牧业作为农业的重要支柱，随着现代科技的不断进步和市场需求的变化，正经历着前所未有的快速发展。这一变革对畜牧兽医从业者的专业技能也提出了更高的要求。他们不仅需要掌握传统的兽医知识和技能，还需要了解新的养殖技术、疫病防控策略以及动物营养学等前沿知识。在这个背景下，远程教育作为一种灵活、便捷的教育方式，为畜牧兽医从业者提供了宝贵的学习机会。通过远程教育平台，从业者可以在不影响日常工作的前提下，随时随地学习新知识、掌握新技能。这种学习方式不仅节约了时间成本，还使得从业者能够在实践中不断检验和应用所学知识，从而更好地适应畜牧业的发展需求。

远程教育的优势在于其能够提供个性化的学习体验。从业者可以根据自己的工作安排和学习进度，选择适合自己的学习内容和时间。同时，远程教育还汇聚了众多行业专家和学者，他们通过在线课程、专题讲座等形式，为从业者传授宝贵的经验和知识。从业者可以通过与专家的互动和交流，不断拓宽视野，增强自己的专业素养。此外，远程教育还为从业者提供了一个相互学习、共同进步的平台。从业者可以在学习平台上与同行交流心得、分享经验，共同解决工作中遇到的问题。这种互助合作的精神不仅促进了从业者的个人成长，也推动了整个畜牧业的进步和发展。

（二）远程教育在畜牧兽医领域的应用

随着信息技术的迅猛发展，远程教育在畜牧兽医领域的应用正逐步深入并呈现出广阔的前景。这一变革不仅为从业者带来了前所未有的学习机遇，也为畜牧业的持续发展注入了新的活力。网络平台的兴起使得远程教育资源得以广泛传播。畜牧兽医从业者只需轻点鼠标或手机屏幕，便能轻松访问到丰富的在线课程、专家讲座以及实践操作指导。这些资源不仅涵盖了基础的兽医知识，还深入探讨了各种复杂的疫病防控、动物营养管理以及现代养殖技术等议题。无论是初学者还是资深从业者，都能在这里找到适合自己的学习内容和深度。

移动应用的普及则进一步推动了远程教育的便捷性。畜牧兽医从业者可以利用碎片化的时间，通过智能手机或平板电脑随时随地进行学习。无论是在田间地头、养殖场内还是在家中休息时，都能轻松掌握新知识、新技能。这种学习方式不仅提高了学习效率，还使得从业者能够更好地将理论知识与实际工作相结合，提升自己的实践能力。更为值得一提的是，远程教育为从业者提供了个性化的学习体验。从业者不再被传统的课堂教育所束缚，而是可以根据自己的需求和兴趣选择适合的学习内容和进度。他们可以深入钻研自己感兴趣的领域，也可以快速掌握急需的知识和技能。这种灵活的学习方式不仅满足了不同从业者的学习需求，也激发了他们的学习热情和创造力。

（三）远程教育对提升专业技能的作用

在畜牧业的快速发展中，专业技能的提升对于畜牧兽医从业者而言至关重要。远程教育作为一种现代化的教育手段，在这方面发挥着不可或缺的作用。远程教育为畜牧兽医从业者提供了一个高效的学习渠道，使他们能够迅速掌握最新的知识和技能。传统的教育方式往往受到时间、地点等因素的限制，而远程教育则打破了这些束缚。通过网络平台和移动应用，从业者可以随时随地学习最新的兽医理论、疫病防控方法以及养殖技术。这些知识和技能的学习不仅有助于从业者提升专业水平，更能让他们在实践中更加得心应手，为畜牧业的发展贡献自己的力量。

远程教育具有解决实际问题的能力。在实际工作中，畜牧兽医从业者常常会遇到各种复杂的疫病和养殖问题。远程教育平台上的专家讲座和实践操作指导，为从业者提供了解决问题的思路和方法。他们可以通过在线交流、观看视频教程等方式，学习如何应对这些挑战，提高自己的实践能力和解决问题的能力。这种针对性的学习让从业者在实际工作中更加游刃有余，有效应对各种复杂情况。此外，远程教育还能帮助畜牧兽医从业者拓宽视野，了解行业的最新发展趋势和前沿技术。通过在线课程和学习资源，从业者可以接触到国内外先进的养殖理念、疫病防控技术以及市场动态等信息。这些信息的获取有助于从业者把握行业发展的脉搏，增强自己的创新能力和竞争力。同时，远程教育还促进了从业者之间的交流与合作，推动了行业的共同进步。

五、跨界融合：打造"互联网＋畜牧兽医"生态圈

（一）"互联网＋畜牧兽医"的新机遇

随着互联网的普及和技术的飞速进步，传统行业与互联网的融合已成为时代发展的必然趋势。在这一大背景下，畜牧兽医行业，作为一个与国计民生息息相关的关键领域，与互联网的深度融合将为其带来前所未有的新机遇和广阔发展空间。畜牧兽医行业与互联网的融合，不仅意味着技术的简单应用，更代表着一种全新的产业生态和发展模式的诞生。通过互联网技术的引入，畜牧兽医行业可以实现跨地域、跨行业的资源共享和信息互通。这不仅能大大提高服务效率，减少信息传递的滞后和失真，还能促进知识的快速传播和经验的广泛交流，从而推动整个行业的进步和创新。

具体来说，互联网技术的运用可以助力畜牧兽医行业实现以下几个方面的突破：

一是通过大数据和云计算技术，可以实现对动物疫病、养殖技术等方面的海量数据进行分析和挖掘，为疫病防控、养殖管理提供科学依据，提高决策效率和准确性。

二是物联网技术的应用可以实现对动物生长状况、饲养环境等的实时监控和数据采集，为精准养殖和智慧畜牧业发展提供有力支撑。

三是通过互联网平台，可以实现畜牧兽医知识与技能的广泛传播和普及，提高从业者的专业素质和技能水平，为行业的

可持续发展提供人才保障。

四是跨界融合还能推动畜牧兽医行业与其他相关产业的深度融合和协同发展，形成产业链上下游的紧密合作和互利共赢的局面。

（二）技术创新推动跨界融合

技术创新是推动跨界融合的关键所在，尤其是在畜牧兽医行业中，物联网、大数据、人工智能等先进技术的应用，正引领着一场深刻的行业变革。这些技术的融合应用，不仅重塑了传统的畜牧业生产和管理模式，更使得畜牧兽医行业向数字化、智能化的方向迈进。物联网技术的应用，使得畜牧兽医行业可以实现对动物生长状况和健康情况的实时监测。通过安装在动物身上的传感器，可以实时收集动物的体温、心率、活动量等数据，并通过网络平台进行实时传输和分析。这样一来，饲养员和管理人员可以随时了解动物的健康状况，及时发现异常情况，采取相应措施，从而提高动物养殖的效率和品质。

同时，大数据分析在畜牧兽医行业中的应用也越来越广泛。通过对大量养殖数据的挖掘和分析，可以揭示出动物生长规律、疫病发生规律等信息，为疫病的预防和控制提供科学依据。例如，通过分析历史疫病数据，可以预测疫病的流行趋势，提前制订防控策略，从而有效减少疫病的发生和传播。此外，人工智能技术在畜牧兽医行业中的应用也日益突出。通过深度学习和机器学习等技术，人工智能可以对动物的疫病进行自动诊断和治疗。这不仅可以提高诊断的准确性和效率，还可以减少人为因素的干扰，提高治疗的成功率。

（三）构建"互联网＋畜牧兽医"生态圈

跨界融合不仅仅是一种技术层面的整合，更是一个产业生态的重新构建。其终极愿景，是塑造一个良性互动的"互联网＋畜牧兽医"生态圈，这个生态圈涵盖了从互联网企业到畜牧兽医机构，再到科研机构和政府部门等多个方面。在这个生态圈中，各方不再是孤立的个体，而是形成了一种紧密的合作网络，共同致力于推动畜牧兽医行业的创新与发展。互联网企业以其强大的技术实力和数据分析能力，为生态圈提供了强大的技术支撑。它们通过云计算、大数据、物联网等技术手段，为畜牧兽医行业提供了更加智能化、高效化的解决方案。这些技术的应用，不仅提升了行业的生产效率，还使得疾病的预防、诊断、治疗更加精确和及时。

畜牧兽医机构则是生态圈中的核心力量。它们拥有丰富的实践经验和专业知识，负责动物的疫病防治、养殖管理等工作。通过与互联网企业的合作，畜牧兽医机构可以更好地利用现代科技手段，提升自己的服务水平和效率。科研机构则扮演着创新引领者的角色。它们通过不断的研究和探索，为生态圈提供源源不断的技术创新和成果转化。这些创新成果不仅推动了畜牧兽医行业的技术进步，还为行业的可持续发展提供了有力保障。政府部门在生态圈中发挥着监管和协调的作用。通过制订和实施相关政策法规，政府部门为生态圈的健康发展提供了有力保障。同时，政府部门还积极协调各方资源，推动生态圈内的合作与交流，为行业的转型升级提供有力支持。

第二节 金融与畜牧兽医技术服务的结合

一、金融服务在畜牧兽医技术中的应用

（一）融资支持

1. 资金支持

在畜牧兽医行业，技术的研发和创新是推动行业进步的核心动力。然而，许多优秀的项目和技术往往因为资金短缺而难以实施。此时，金融机构的融资支持就显得尤为重要。金融机构通过提供贷款、担保等融资方式，为畜牧兽医技术项目注入了强大的资金动力。这些资金不仅缓解了企业在技术研发、设备购置、人才培养等方面的资金压力，更为项目的顺利实施提供了坚实的保障。

当企业获得融资支持后，他们能够更加专注于技术的研发和创新，加速技术的成熟和应用。这意味着，原本因为资金问题而停滞不前的技术项目，如今得以重新启动，并朝着实现突破的方向迈进。同时，融资支持也为畜牧兽医行业带来了新的发展机遇。随着资金的注入，企业可以扩大生产规模，提高生产效率，进而满足市场对高品质畜牧兽医产品和服务的需求。这不仅有助于提升行业的整体竞争力，也为畜牧业的可持续发展注入了新的活力。

2. 资源整合

金融机构在提供融资支持的同时，还通过其广泛的资源网络，为畜牧兽医技术企业提供了全方位的资源整合服务。这些服务涵盖了技术、市场、人才等多个方面，为企业提供了宝贵

的外部资源，极大地提高了技术研发和市场应用的效率。第一，金融机构的资源网络使得企业能够快速获取最新的技术信息和成果。通过与科研机构、高校等合作伙伴的紧密联系，金融机构能够及时掌握最新的科研成果和技术动态，并将其推荐给有需求的企业。这不仅有助于企业了解行业前沿技术，还为企业提供了技术引进和合作的机会，推动了技术的快速进步和应用。第二，金融机构的资源网络还能够为企业提供市场调研和拓展的支持。通过对市场的深入分析和研究，金融机构能够为企业提供准确的市场趋势预测和竞争对手分析，帮助企业制订更加精准的市场策略。第三，金融机构还能够利用自身的渠道和资源，为企业拓展市场、寻找合作伙伴提供有力支持，推动企业的快速发展。第四，金融机构的资源网络还能够为企业提供人才招聘和培训的服务。通过与各类人才机构和培训机构的合作，金融机构能够为企业提供优秀的人才资源，帮助企业解决人才短缺的问题。第五，金融机构还能够提供定制化的培训和发展计划，帮助企业提升员工的专业素质和能力水平，为企业的长期发展提供坚实的人才保障。

3. 信用支持

在竞争激烈的畜牧兽医技术市场中，企业的信用评级往往决定了其能否获得足够的融资支持，进而影响到企业的市场竞争力和发展速度。金融机构通过为企业提供信用担保、增信等服务，不仅有助于提升企业的信用评级，还能显著增强其在市场上的融资能力，这对于畜牧兽医技术企业而言尤为重要。信用担保服务是金融机构为企业提供的一种重要支持。当企业面临资金短缺或信用评级不足时，金融机构可以通过提供担保，为企业在贷款、债券发行等融资活动中增信，降低其融资门槛和成本。这不仅解决了企业的短期资金问题，还有助于提升企业的整体信用形象，为企业的长期发展奠定坚实基础。

此外，金融机构还可以通过提供增信服务，进一步提升企业的信用评级。增信服务包括为企业提供信用评级咨询、信用风险管理建议等，帮助企业优化财务管理、加强风险控制，从而提升其信用水平。这不仅能够增强企业在市场上的融资能力，还能为企业在合作伙伴选择、供应链管理等方面提供有力支持，提升企业的整体竞争力。对于畜牧兽医技术企业而言，获得金融机构的信用担保和增信服务具有特别重要的意义。由于畜牧兽医技术行业具有高风险、高投入的特点，企业在研发、生产、市场推广等各个环节都需要大量的资金支持。通过获得金融机构的信用担保和增信服务，企业可以更加便捷地获得融资支持，加速技术研发和市场拓展，从而在激烈的市场竞争中占据优势地位。

（二）风险管理

1. 风险识别与评估

在畜牧兽医技术项目的推进过程中，金融机构的专业风险评估团队发挥着至关重要的作用。这些团队成员具备丰富的行业经验和专业知识，能够运用先进的评估工具和方法，对项目进行全面、细致的风险识别与评估。在技术可行性方面，风险评估团队会深入分析项目所采用的技术是否成熟、可靠，并评估其在实际应用中的潜在问题。同时，他们还会对技术发展的趋势进行预测，确保项目所采用的技术在未来仍具有竞争力。在市场需求方面，风险评估团队会对市场进行深入的调研和分析，了解当前市场的需求状况、竞争态势以及未来的发展趋势。这有助于企业判断项目的市场前景，避免盲目投资。此外，政策变化也是风险评估团队关注的重点。他们会密切关注国家相关政策的动态,分析政策变化对项目的潜在影响,并为企业提供相应的应对策略。

2. 风险分散与对冲

为了有效减少单一风险对项目造成的潜在影响,金融机构通常会采取风险分散和对冲的策略。这种策略的核心思想是将风险分散到多个领域和主体,从而避免过度依赖某一特定因素或市场。多元化投资是风险分散的一种常见方式。金融机构可能会建议企业投资于多个相关的畜牧兽医技术项目或领域,这样即使某一项目遭遇挫折,其他项目的成功也能为企业带来稳定的收益,平衡整体风险。此外,金融机构还会推荐企业购买相应的保险来对冲潜在风险。例如,针对技术失败、市场波动或自然灾害等风险,企业可以购买相应的保险,以在风险发生时获得经济补偿,减轻财务压力。通过这些风险分散和对冲的策略,金融机构不仅帮助企业降低了单一风险的影响,还增强了项目的韧性和可持续性。这种策略不仅有助于企业在复杂多变的市场环境中保持稳健,还为其长期发展提供了有力保障。

3. 风险监控与报告

在畜牧兽医技术项目的整个执行过程中,金融机构的风险监控工作是持续进行的,如同一个守护者在默默守护着项目的顺利进行。金融机构的风险管理团队会利用先进的技术手段和专业的分析工具,对项目中的各个环节进行实时监控,确保能够及时发现潜在的风险点。一旦发现潜在风险,金融机构会迅速响应,与企业共同制订应对策略,确保风险得到及时控制和化解。同时,金融机构还会定期向企业提供详细的风险报告,这些报告不仅全面反映了项目的风险状况,还提供了针对性的建议和解决方案。这使得企业能够更加清晰地了解项目的风险情况,从而作出更加明智的决策和调整策略。这种持续的风险监控与报告机制，不仅确保了项目的稳健运行，也为企业提供了强有力的风险管理支持。在这样的机制下，畜牧兽医技术项目能够更加从容地面对各种挑战和风险，朝着既定的目标稳步前进。

4. 风险应对与支持

在畜牧兽医技术项目实施过程中，难免会遇到各种预期之外的风险。面对这些挑战，金融机构会迅速行动，提供及时的风险应对支持，成为企业最坚实的后盾。当项目遭遇资金短缺时，金融机构会迅速提供必要的资金支持，确保项目的正常运转。这可以是追加贷款、提供过桥资金，或是其他形式的融资安排。金融机构的专业团队会与企业紧密合作，根据项目实际情况量身定制融资方案，确保资金在最短时间内到位。此外，金融机构还会根据风险状况调整融资结构，优化债务组合，降低企业的财务成本。例如，金融机构可能会建议企业调整债务期限结构，将短期债务转为长期债务，或是通过发行债券等方式引入更多低成本资金。在必要时，金融机构还会积极协助企业引入战略投资者。这不仅能为项目注入新的资金，还能带来先进的管理经验和市场资源，帮助企业实现更快的发展。

（三）支付与结算

1. 多样化的支付方式

在畜牧兽医技术项目的推进过程中，支付环节是确保项目顺利进行的关键之一。为了满足项目中不同场景和需求的支付要求，金融机构精心设计并提供了多样化的支付方式。对于线上交易，金融机构支持多种电子支付方式，如网银支付、第三方支付平台等。这些线上支付方式不仅方便快捷，而且安全可靠，能够确保资金在瞬间完成转移，大大提高了交易的效率。

同时，对于线下交易或一些特殊场景，金融机构也提供了相应的支付解决方案。例如，对于大额支付或是需要实物交付的情况，金融机构会推荐采用货到付款的方式，确保资金与货物的双重安全。此外，金融机构还提供了银行转账、支票支付等传统的线下支付方式，以满足企业的不同需求。这种多样化的支付方式不仅提高了支付的便捷性，还增强了支付的灵活性。无论企业面临怎样的支付场景和需求，金融机构都能为其提供合适的支付方案，确保项目能够顺利进行。这种全方位的服务支持，无疑为畜牧兽医技术项目的成功实施提供了有力保障。

2. 安全可靠的结算服务

在畜牧兽医技术项目的资金管理中，结算环节尤为关键。金融机构深知其重要性，因此投入大量资源研发了先进的结算系统。这些系统利用最新的技术，如区块链、人工智能等，确保每笔交易都能快速、准确地完成。不仅如此，金融机构还建立了严格的风险控制机制。从交易发起、资金划转，到最终的账目核对，每一步都经过多重审核和验证，确保资金的安全。同时，金融机构还与国际结算组织紧密合作，实现了国内外结算的无缝对接。无论是国内贸易还是国际贸易，企业都能享受到同样高效、可靠的服务。这种全面的结算服务不仅简化了企业的资金管理流程，还大大提高了资金的使用效率。企业无须担心资金安全问题，可以更专注于项目的实施和发展。金融机构的专业结算服务，为畜牧兽医技术项目的成功实施提供了坚实的资金保障。

3. 优化资金流管理

支付与结算，作为金融活动的核心环节，不仅确保了资金的顺畅流转，更在优化资金流管理方面发挥着不可替代的作用。在这一过程中，金融机构不仅是服务提供者，更是合作伙伴，与企业共同推动项目资金的高效运作。针对畜牧兽医技术项目的特性，金融机构会深入了解企业的实际需求和资金状况，提供个性化的资金流管理方案。这些方案可能包括资金池的设立、现金流预测、风险预警等多元化服务，旨在帮助企业实现资金的优化配置和风险控制。通过这种紧密的合作模式，企业不仅能够确保项目的正常运作，还能在资金管理方面获得专业指导，实现资金效益的最大化。这种双重优化的策略，不仅提升了项目的整体效率，也为企业的长期稳定发展奠定了坚实基础。金融机构在这一过程中的专业服务和创新策略，无疑为畜牧兽医技术项目注入了新的活力。

4. 风险监控与预防

在支付与结算的过程中，风险的存在是不可忽视的。为了确保资金流转的安全与稳定，金融机构在支付与结算环节实施了持续的风险监控和预防工作。金融机构设立了专门的风险管理团队，负责实时监控支付与结算流程。这些团队运用先进的监控工具和技术，对每一笔交易进行细致入微的分析，确保没有异常或可疑行为发生。一旦发现任何异常，团队会立即启动应急机制，进行深入的调查并采取必要的措施，以防止风险进一步扩大。除了实时监控，金融机构还建立了风险预警系统。这一系统通过对历史数据的分析，能够预测可能出现的风险，并向相关部门发出预警。这样，企业可以在风险发生之前就做好应对准备，降低损失。

二、金融支持促进畜牧兽医技术服务的升级

（一）金融支持的重要性

1. 资金保障

资金保障是任何项目和技术服务得以顺利进行的基础。对

于畜牧兽医技术服务来说，这一点尤为关键。随着科技的不断进步和市场的竞争日益加剧，畜牧兽医领域对技术创新的需求日益增长，而这背后需要强大的资金支持。金融支持在这一过程中发挥了至关重要的作用。金融支持为畜牧兽医技术服务提供了稳定的资金来源。这意味着，无论是在研发阶段、试验阶段，还是市场推广阶段，畜牧兽医技术服务企业都能够获得所需的资金，确保项目的顺利进行。这种稳定的资金流不仅有助于企业应对短期内的资金压力，还能够支持其进行长期的技术创新和市场拓展。金融支持有助于降低企业的财务风险。在技术研发和市场拓展过程中，企业常常面临各种不确定性和风险。有了金融支持，企业可以更好地分散风险，降低因资金问题而导致的项目失败风险。同时，金融机构的专业风险评估和管理能力也能够帮助企业更好地识别和管理风险，提高企业的整体风险应对能力。金融支持还能够促进畜牧兽医技术服务企业的可持续发展。通过提供长期、稳定的资金支持，金融机构鼓励企业进行持续的技术创新和市场拓展，推动企业在竞争激烈的市场中脱颖而出。这不仅有助于提升企业的核心竞争力，还能够为整个畜牧兽医领域的进步和发展作出贡献。

2. 市场拓展

市场拓展是企业发展的重要战略之一，对于畜牧兽医技术服务而言，同样具有重要意义。金融支持在这一过程中扮演着举足轻重的角色，通过提供资金支持和优化融资环境，帮助企业突破市场限制，实现服务范围的扩大和影响力的提升。金融支持为企业提供了市场拓展所需的资金。市场拓展涉及品牌宣传、市场推广、渠道建设等多个方面，都需要大量的资金投入。金融机构通过提供贷款、股权投资等融资方式，为企业提供充足的资金支持，使其能够有更多的资源和精力投入到市场拓展中。金融支持有助于企业提升市场竞争力。金融机构在提供资金支持的同时，还会为企业提供市场分析和风险评估等服务，帮助企业更好地了解市场需求和竞争态势，制订更加精准的市场拓展策略。这不仅能够提升企业的市场竞争力，还能够降低市场拓展的风险。此外，金融支持还能够促进企业间的合作与联盟。在市场拓展过程中，企业往往需要与其他企业、机构等建立合作关系，共同开拓市场。金融支持通过提供融资支持和优化融资环境，为企业间的合作与联盟提供了便利条件，促进了资源共享和优势互补，提升了整体的市场竞争力。

（二）金融支持的途径与方式

1. 贷款融资

贷款融资是金融机构支持畜牧兽医技术服务企业的重要手段之一。通过提供贷款融资，金融机构能够满足企业在研发投入和市场拓展过程中的资金需求，为企业的发展提供强有力的支持。贷款融资能够帮助畜牧兽医技术服务企业解决研发资金短缺的问题。研发是技术创新的源泉，但往往伴随着较高的风险和不确定性。传统的融资渠道可能对这些高风险项目持谨慎态度，而贷款融资则能够为企业提供研发所需的资金支持，帮助其突破资金瓶颈，实现技术突破。贷款融资能够促进企业的市场拓展。市场拓展是企业发展的重要战略之一，但往往需要大量的资金投入。通过贷款融资，企业能够获得市场拓展所需的资金，加大市场推广力度，提升品牌知名度和影响力。同时，贷款融资还能够为企业提供稳定的资金来源，帮助企业应对市场波动和风险挑战，确保市场拓展的顺利进行。此外，贷款融资还能够优化企业的融资结构。通过贷款融资，企业能够引入更多的债务资金，优化企业的融资结构，降低企业的财务风险。

同时，贷款融资还能够为企业提供更多的融资选择，帮助企业根据自身实际情况选择最合适的融资方式，降低融资成本，提高融资效率。

2. 股权投资

股权投资作为一种长期、稳定的投资方式，在金融支持畜牧兽医技术服务企业方面发挥着独特的作用。通过股权投资，金融机构不仅能够为企业提供资金支持，还能与企业共享成长收益，共同推动企业的发展。股权投资为企业提供了一种长期稳定的资金来源。相较于传统的贷款融资，股权投资更注重企业的长期发展，愿意为企业提供持续、稳定的资金支持。这种资金支持不仅有助于企业应对短期的资金压力，还能为企业的长期发展提供坚实的资金保障。股权投资有助于企业优化股权结构，提高治理水平。通过股权投资，金融机构成为企业的股东之一，能够参与企业的决策和治理过程。这有助于企业完善内部管理机制，提高治理水平，进而提升企业的市场竞争力和可持续发展能力。此外，股权投资还能为企业带来丰富的资源和经验。金融机构作为专业的投资者，拥有丰富的行业经验和资源网络。通过股权投资，企业能够获得金融机构的支持和指导，充分利用其资源和经验，加快技术创新和市场拓展的步伐。股权投资还有助于企业与金融机构建立紧密的合作关系。通过股权投资，企业与金融机构之间形成了利益共享、风险共担的合作关系。这种合作关系不仅能够增强企业的融资能力，还能为企业提供更多的融资渠道和方式，推动企业在金融市场的健康发展。

3. 政策性金融

政策性金融在支持畜牧兽医技术服务的发展中扮演着至关重要的角色。作为政府推动经济发展的重要手段，政策性金融通过提供税收优惠、贷款贴息等支持措施，为畜牧兽医技术服务领域注入了强大的动力。税收优惠是政策性金融的重要表现形式之一。政府通过减免企业所得税、增值税等税收优惠政策，降低了畜牧兽医技术服务企业的税收负担，增加了企业的盈利空间。这不仅有助于企业积累更多的资金用于技术研发和市场拓展，还能激发企业加大投入、提高服务质量的积极性。贷款贴息是政策性金融的又一重要手段。政府通过向金融机构提供贴息资金，鼓励金融机构为畜牧兽医技术服务企业提供低息贷款。这一政策不仅降低了企业的融资成本，减轻了企业的财务压力，还能引导更多的资金流向该领域，推动畜牧兽医技术服务企业的健康发展。此外，政策性金融还支持畜牧兽医技术服务企业参与国际合作与交流。政府通过提供资金支持、搭建合作平台等方式，帮助企业拓展国际市场，引进先进技术和管理经验。这不仅有助于提升企业的国际竞争力，还能推动畜牧兽医技术服务领域的国际化发展。

三、金融与畜牧兽医技术服务的融合发展前景

（一）融合发展的必要性

1. 产业升级需求

随着畜牧业的快速发展，技术升级和金融支持正逐渐成为推动产业持续发展的两个关键因素。畜牧业的进步不仅需要现代化的养殖技术、疫病防控措施和高效的饲料配方，更需要持续的资金投入以支撑这些技术的研发和应用。金融机构通过提供贷款、投资、保险等多元化金融服务，为畜牧业的技术升级提供了坚实的资金保障。同时，政府也在加大政策支持力度，鼓励金融与畜牧业的深度融合，以促进产业升级和提质增效。

在这个背景下，技术升级和金融支持相互促进，共同推动着畜牧业的持续健康发展。一方面，技术创新为畜牧业带来了新的增长点和竞争优势，吸引了更多金融资本的投入；另一方面，金融资本的注入又加速了技术创新的步伐，推动了畜牧业的转型升级。这种良性互动不仅有助于提升畜牧业的整体竞争力，也为金融行业的发展提供了新的机遇和空间。

2. 市场潜力释放

金融与畜牧兽医技术服务的融合，不仅能够为畜牧业的发展注入新的活力，还有助于释放市场潜力，推动行业创新。这种融合通过金融资本的引入，为畜牧兽医技术服务领域提供了更多的研发资金和市场拓展资源，促进了新技术的研发和应用。同时，金融的参与也加速了畜牧兽医技术服务成果的转化和商业化进程，使得这些技术能够更快地应用到实际生产中，提高畜牧业的生产效率和产品质量。此外，金融与畜牧兽医技术服务的融合还促进了行业内外的创新合作与交流。金融机构可以为畜牧兽医技术服务企业提供融资支持，推动企业与高校、科研机构等建立紧密的合作关系，共同开展技术研发和成果转化。这种合作模式不仅有助于提升畜牧业的整体技术水平，还能够推动相关产业链的创新发展，为畜牧业的可持续发展注入新的动力。

3. 政策支持引导

政府对于金融与科技、农业等行业的融合给予了积极的政策支持，为融合发展提供了有力的保障。政府通过制订一系列的政策措施，鼓励金融机构与畜牧兽医技术服务企业加强合作，共同推动产业的创新发展。这些政策措施包括提供税收优惠、降低融资门槛、加大财政支持等，旨在降低企业的融资成本，激发市场活力，促进金融与畜牧兽医技术服务的深度融合。同时，政府还建立了跨部门协调机制，加强政策之间的衔接和配合，确保各项政策措施能够落到实处，发挥最大的效用。此外，政府还积极推动金融与科技、农业等行业的交流合作，搭建平台、举办论坛，为企业之间的合作提供便利和支持。这些举措不仅有助于推动金融与畜牧兽医技术服务的融合发展，也为畜牧业的持续健康发展提供了坚实的政策保障。

（二）融合发展模式探索金融

1. 服务创新

为了促进畜牧兽医技术服务的发展，金融机构积极创新金融产品，以满足该领域独特的融资需求。科技贷款是一种专门针对技术创新项目的贷款产品，它根据畜牧兽医技术服务企业的研发投入、技术前景等因素，提供灵活、便捷的贷款服务。这种贷款通常具有较低的利率和较长的还款期限，以减轻企业的财务压力，鼓励其加大技术创新的投入。此外，金融机构还推出了知识产权质押融资产品。这种融资方式允许企业将其拥有的知识产权作为质押物，从而获得所需的资金支持。这不仅有助于企业盘活无形资产，提高其资产利用效率，还能够鼓励企业加强知识产权保护，推动技术创新和成果转化。

2. 技术成果转化

促进畜牧兽医技术服务领域的技术成果转化，是实现金融资本与技术成果对接的关键环节。技术成果的转化不仅需要科研人员的努力，更需要金融资本的支持和市场机制的推动。

在这个过程中，金融机构扮演着重要的角色。它们通过提供融资支持，帮助科研人员将研究成果从实验室推向市场，实现商业化应用。同时，金融机构还能提供风险评估和市场调研等服务，帮助科研人员了解市场需求，制订合适的商业计划。

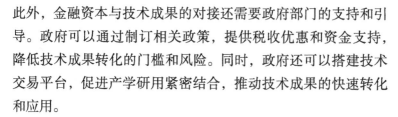

此外，金融资本与技术成果的对接还需要政府部门的支持和引导。政府可以通过制订相关政策，提供税收优惠和资金支持，降低技术成果转化的门槛和风险。同时，政府还可以搭建技术交易平台，促进产学研用紧密结合，推动技术成果的快速转化和应用。

3. 产业链金融服务

为畜牧兽医技术服务产业链上下游企业提供全面的金融服务支持，是推动整个产业链协同发展的关键。金融机构通过深入了解畜牧兽医技术服务产业链的结构和特点，为上下游企业提供包括融资、结算、风险管理等在内的全方位金融服务。对于上游的饲料、兽药等供应商，金融机构可以提供供应链金融服务，通过应收账款融资、保理等方式，解决其资金回笼慢、账期长等问题。同时，通过提供汇率风险管理工具，帮助上游企业应对汇率波动带来的风险。对于下游的养殖企业和屠宰加工企业，金融机构可以提供项目融资、设备租赁等金融服务，支持其扩大生产规模、提高生产效率。此外，金融机构还可以提供市场调研、风险评估等服务，帮助下游企业把握市场动态，降低经营风险。

（三）融合发展带来的机遇

1. 拓宽融资渠道

金融与畜牧兽医技术服务的融合，为企业拓宽了融资渠道，降低了融资成本，为畜牧业的持续健康发展注入了新的活力。传统的融资渠道，如银行贷款，往往受到多种因素的限制，如抵押物不足、信用评级较低等。然而，随着金融与畜牧兽医技术服务的融合，金融机构开始更加关注企业的技术实力和市场前景，而非仅仅依赖传统的抵押物或担保。这种融合促使金融机构创新金融产品，如科技贷款、知识产权质押融资等，这些产品以企业的技术成果和知识产权为抵押，有效解决了传统融资渠道的限制。同时，政府也通过提供财政补贴、税收优惠等政策，鼓励金融机构为畜牧兽医技术服务企业提供更加优惠的融资条件。

2. 优化资源配置

金融与畜牧兽医技术服务的融合，为优化资源配置提供了有力工具。金融手段在资源配置中发挥着至关重要的作用，通过金融市场的运作和金融工具的运用，可以更有效地将资金、技术、人才等关键资源分配给最需要、最有效率的部分。在畜牧兽医技术服务领域，金融手段的运用可以促进资源的优化配置。例如，通过股权融资、债券发行等方式，可以为有创新能力和市场前景的企业提供资金支持，推动其快速发展。同时，金融市场的价格发现机制可以帮助投资者识别优质企业和项目，引导资金流向更高效、更有价值的方向。此外，金融手段还可以促进产学研用的深度融合。金融机构可以与高校、科研机构等合作，共同设立投资基金或提供融资支持，推动科研成果的转化和应用。这种合作模式可以加速技术成果的商业化进程，提高畜牧兽医技术服务领域的整体效率。

3. 推动产业升级

金融与畜牧兽医技术服务的融合发展为该领域的技术创新和产业升级提供了强有力的支持。通过金融资本的注入，企业得以加大在技术研发、设备更新和人才培养等方面的投入，从而加速创新步伐，提升技术实力。金融机构还通过提供定制化金融产品和服务，满足企业在不同阶段、不同领域的融资需求，为企业创新提供强有力的后盾。同时，金融市场的竞争机制和价格发现机制也促进了畜牧兽医技术服务领域的产业升级。金融机构通过评估企业的技术实力、市场前景等因素，为企业提供差异化、个性化的金融服务，推动优质企业脱颖而出，实现产业结构的优化升级。这种融合发展模式不仅提高了企业的竞争力，也为整个畜牧业的转型升级提供了有力支持。

第三节　产学研用一体化模式

一、产学研用一体化模式概述

（一）产学研用一体化模式的基本概念

1. 定义

产学研用一体化模式是指产业界、学术界、研究机构和用户之间形成紧密的合作关系，共同推动技术研发、成果转化和应用的一种合作模式。该模式强调产业界、学术界、研究机构和用户之间的相互依存和协同作用，旨在通过资源共享、优势互补和协同创新，提高技术创新的效率和效果，推动产业升级和经济发展。在畜牧兽医技术服务领域，产学研用一体化模式的应用具有重要意义。通过该模式，产业界、学术界、研究机构和用户可以共同开展技术研发、成果转化和推广工作，提高畜牧兽医技术服务的水平和效率，推动畜牧业的科技创新和产业升级。同时，该模式还可以促进人才培养和交流，提高畜牧兽医技术服务领域的人才素质和创新能力。

2. 起源与发展

产学研用一体化模式的起源与发展可以追溯到 19 世纪末和 20 世纪初，当时西方国家开始认识到产业、学术界和研究机构之间的紧密联系对于推动科技创新和经济发展的重要性。随着工业革命的深入和科技的快速发展，产学研用一体化模式逐渐成为一种全球性的趋势。在起源阶段，产学研用一体化模式主要体现为产业界与学术界之间的初步合作。例如，一些大学和研究机构开始与企业合作，共同开展研发项目和技术创新活动。这种合作模式主要以项目合作为主，缺乏长期稳定的合作机制和资源共享平台。随着科技的不断进步和全球化的加速发展，产学研用一体化模式逐渐得到完善和发展。在发展阶段，该模式开始注重产业界、学术界、研究机构和用户之间的全面合作和协同创新。通过建立合作机制、搭建资源共享平台、开展人才培养与交流等方式，推动各方之间的深度合作和协同创新，实现技术创新的突破和产业升级的加速。同时，随着各国政府对科技创新和产业升级的重视程度不断提高，产学研用一体化模式也得到了政策层面的支持和推动。政府通过制订相关政策、提供资金支持、建立合作平台等方式，促进产业界、学术界、研究机构和用户之间的合作与交流，推动产学研用一体化模式的深入发展。

（二）产学研用一体化模式的核心要素

1. 产业界

产业界在产学研用一体化模式中扮演着至关重要的角色，它不仅是技术创新和应用的实践者，也是市场需求和产业化发展的推动者。在畜牧兽医技术服务领域，产业界的贡献尤为突出。产业界通过深入市场调研，了解畜牧养殖业的实际需求和发展趋势，为学术界和研究机构提供有针对性的研究方向和课题。这些实际需求可能涉及饲料营养配比、兽药研发与改良、疫病防控等多个方面。产业界为学术界和研究机构提供必要的技术支持和产业化平台。例如，饲料生产企业和兽药生产企业可以提供试验场地和生产设备，协助完成新产品的研发和试制工作。同时，这些企业还可以提供丰富的生产经验和市场资源，帮助学术界和研究机构更好地理解和应用相关技术。产业界的主要职责是将研究成果转化为实际的产品或服务，并推向市场创造价值。这意味着产业界需要紧密关注市场动态和消费者需求，及时调整产品策略和生产方式，确保技术创新的成果能够真正服务于畜牧养殖业的发展。

2. 学术界

学术界在产学研用一体化模式中扮演着至关重要的角色，是源源不断的创新动力。学术界以其深厚的理论功底、前沿的研究视角和卓越的人才储备，为畜牧兽医技术服务领域提供了源源不断的技术创新和解决方案。学术界通过基础研究和应用研究，为产业界提供了坚实的科学支撑和理论基础。通过探索畜牧养殖业的内在规律和潜在问题，学术界不仅推动了相关理论的完善和发展，还为产业界提供了有效的技术路径和解决方案。学术界致力于科技创新和人才培养，为畜牧兽医技术服务领域的可持续发展提供了有力保障。通过科研项目、学术交流、实验室建设等方式，学术界不断推动科技创新，培养了大批高素质的科技人才，为产业界提供了强有力的人才支持。在畜牧兽医技术服务领域，学术界可能包括农业大学、科研机构等。这些机构拥有丰富的教学资源和科研实力，通过与企业、研究机构的紧密合作，共同推动畜牧兽医技术服务领域的科技创新和产业升级。

3. 研究机构

研究机构在产学研用一体化模式中扮演着至关重要的角色，它们作为连接产业界和学术界的桥梁，负责将学术界的科研成果转化为实际的应用技术。在畜牧兽医技术服务领域，研究机构的重要性尤为突出。研究机构具备专业的研发能力和技术实力，能够对学术界的科研成果进行进一步的深化和细化。它们通过技术开发和成果转化，将理论研究成果转化为实际可用的技术或产品，为产业界提供切实可行的技术支持和解决方案。研究机构还具备丰富的实践经验和市场洞察力，能够根据市场需求和产业发展趋势，为产业界提供有针对性的技术服务。它们不仅关注技术的先进性，更注重技术的实用性和市场适应性，确保科研成果能够真正满足产业界的实际需求。在畜牧兽医技术服务领域，研究机构可能包括畜牧兽医研究所、技术推广机构等。

4. 用户

用户是产学研用一体化模式中不可忽视的最终受益者，他们的需求和反馈对于推动模式的持续发展具有关键作用。在畜牧兽医技术服务领域，用户主要指的是畜禽养殖户和兽医服务站等。用户的需求和反馈为产业界、学术界和研究机构提供了宝贵的研发方向和应用场景。畜禽养殖户和兽医服务站等用户在实际生产和工作中遇到的问题和挑战，为研发提供了实际的应用场景和解决方案的需求。这些需求和反馈通过产学研用一体化模式的合作机制，传递给产业界、学术界和研究机构，引导他们针对实际问题进行研发工作。同时，用户的参与和反馈也促进了技术的不断完善和优化。通过与用户的紧密合作和及时沟通，产业界、学术界和研究机构可以了解技术的实际应用效果，及时发现问题并进行改进。这种用户参与的模式不仅提高了技术的实用性和可靠性，也增强了用户对技术的信任度和满意度。

二、产学研用一体化模式的运行机制与特点

（一）产学研用一体化模式的运行机制

1. 需求导向机制

在产学研用一体化模式中，用户需求被置于至关重要的位置，不仅是模式的运行起点，也是推动持续创新的关键动力。用户的实际需求直接反映了市场的脉搏和产业发展的方向，这些需求往往具有多样性和时效性，因此，对于产业界、学术界和研究机构来说，紧密关注用户需求并快速响应，是确保技术研发和成果转化具有实际意义和市场竞争力的关键。用户的需求不仅是对现有技术的改进或新产品的开发，更包括对服务、体验、效率等多方面的期望。这种多元化的需求为产学研用一体化模式提供了广阔的创新空间。产业界可以通过市场调研和用户访谈等方式，深入了解用户需求，为技术研发提供明确的方向和目标。同时，学术界和研究机构则可以利用自身的科研优势，针对用户需求开展深入的基础研究和应用研究，为产业界提供有力的技术支撑。而需求反馈循环则是产学研用一体化模式中另一个重要的运行机制。用户在使用产品或服务的过程中，往往会提出宝贵的意见和建议。这些反馈信息是技术研发团队优化和完善技术解决方案的重要依据。通过建立有效的用户反馈收集和分析机制，产业界、学术界和研究机构可以及时发现技术或产品中存在的问题和不足，从而进行有针对性的改进和优化。这种需求反馈循环不仅提高了技术研发和成果转化的效率和质量，也增强了用户对产学研用一体化模式的信任和满意度。

2. 合作创新机制

在产学研用一体化模式中，产学研合作是推动技术创新和

成果转化的核心机制。产业界、学术界和研究机构通过项目合作、共建实验室等多种方式，形成了紧密的合作关系。这种合作模式不仅促进了各方之间的深入交流和合作，也为技术研发和成果转化提供了强大的支持。项目合作是产学研合作的重要形式之一。产业界可以根据自身的发展需求和市场需求，提出具体的技术研发或成果转化项目，与学术界和研究机构进行合作。通过项目合作，产业界可以获得学术界和研究机构的专业技术支持和创新资源，加速技术研发和成果转化的进程。同时，学术界和研究机构也可以通过项目合作，将研究成果应用于实际生产和应用中，实现科研成果的转化和价值的最大化。共建实验室是产学研合作的另一种重要形式。通过共建实验室，产业界、学术界和研究机构可以共同投入资源，建设具备先进设备和技术的研发平台。这种平台不仅为各方提供了良好的研发环境，也为技术研发和成果转化提供了有力的支撑。在共建实验室的合作模式下，各方可以共同开展基础研究和应用研究，推动技术创新和产业升级。资源共享是产学研合作中的重要环节。在产学研用一体化模式中，产业界、学术界和研究机构通过共享设备、人才、技术等资源，实现了资源的优化配置和高效利用。这种资源共享模式不仅提高了研发效率和创新能力，也降低了各方的研发成本和时间成本。通过资源共享，各方可以充分利用各自的资源优势，形成合力，共同推动技术研发和成果转化的进程。

3. 人才培养与交流机制

产学研用联合培养是当下社会对于高等教育与产业发展结合的一种重要探索。通过实习、培训、项目合作等多种方式，不仅使学生能在真实的职业环境中得到锻炼，更能让他们将理论知识与实际操作紧密结合，从而培养出既具备深厚理论知识，又有丰富实践经验的复合型人才。这种培养模式特别注重跨学科背景的培养，鼓励学生打破传统学科界限，多元思考，勇于创新。而人才交流则是推动产学研用深度融合的关键环节。产业界、学术界和研究机构之间的人才流动和交流，不仅可以有效拓宽各方的视野，更能通过思想的碰撞和融合，激发出前所未有的创新活力。当学术界的前沿理论与产业界的实际需求相结合，当研究机构的创新成果得到产业界的实际应用和反馈，这种互动和循环无疑将为人才培养、科技创新和产业发展带来强大的推动力。

（二）产学研用一体化模式的特点

1. 跨界融合

跨越产业、学术、研究、应用等多个领域，实现资源的优化配置和高效利用，是推动社会创新发展的重要途径。这一目标的实现需要打破传统领域间的壁垒，促进各领域之间的深度互动与合作。当产业界的实际需求与学术界的前沿研究相结合，当研究机构的创新成果得到实际应用和产业化推广，资源的配置和利用将更加精准和高效。同时，促进不同领域之间的知识、技术和人才交流，可以为各方带来新的思路和启发。学术界可以为产业界提供创新的理论支撑和人才培养，而产业界则可以为学术界提供真实的研究场景和需求反馈。研究机构作为连接学术与产业的桥梁，其创新成果和研发能力将为整个体系注入源源不断的创新活力。

2. 协同创新

产业界、学术界和研究机构共同开展技术研发和成果转化，是形成协同创新效应的关键所在。这种合作模式能够充分发挥各方的专业优势和资源优势，实现资源共享、优势互补，从而推动科技创新和产业升级。产业界具有丰富的市场经验和实际应用场景，可以为技术研发提供真实的需求反馈和市场验证。通过合作创新，各方可以共同攻克技术难题，加速新技术的研发和应用。同时，资源共享和优势互补也能够提高创新效率和质量，减少重复投入和浪费，实现创新资源的最大化利用。这种协同创新模式不仅能够推动产业发展和经济增长，还能够提升国家的整体科技水平和国际竞争力。

3. 持续优化

根据用户反馈和市场变化，持续优化技术解决方案和产品服务，是企业保持竞争力的关键所在。用户的反馈往往能直接反映产品的优缺点以及市场的需求变化，而市场的变化则为企业提供了发展的新机遇和挑战。因此，企业需要时刻保持敏感，紧密关注用户和市场的动态，以便及时调整自身的技术解决方案和产品服务。技术创新是推动企业持续发展的核心动力。通过不断的技术研发和创新，企业可以推出更加先进、更加符合市场需求的产品和服务，从而提高用户满意度和市场竞争力。同时，服务升级也是提升用户满意度的重要手段。优质的服务不仅能够满足用户的当前需求，还能够为用户创造更多的价值，增强用户对企业的信任和忠诚度。

三、产学研用一体化模式在畜牧兽医技术服务中的优势与挑战

（一）优势分析

1. 提升技术创新能力

产学研用一体化模式通过汇聚产业界、学术界、研究机构和用户等多方资源，形成了强大的创新合力，为畜牧兽医技术

的创新提供了有力支持。在这种合作模式下，各方可以充分发挥各自的专业优势和资源优势，共同开展技术研发、成果转化和应用推广，从而加速畜牧兽医技术的创新进程。产业界可以提供丰富的实践经验和市场需求反馈，为技术研发提供真实的应用场景和验证平台；学术界则能够贡献深厚的理论基础和前沿研究成果，为技术创新提供源源不断的思路和方法论指导；研究机构则作为连接产业界和学术界的桥梁，具备强大的研发能力和成果转化能力；而用户的直接参与则能够确保技术解决方案和产品服务更加贴近实际需求。

2. 促进技术成果转化

该模式特别注重技术成果的转化与推广，致力于将研发成果快速、高效地应用到实际生产中。通过打破传统研发与应用之间的壁垒，加强各方沟通与协作，确保新技术、新产品能够迅速落地并发挥实效。这种紧密衔接不仅有助于缩短技术成果从研发到应用的周期，使企业能更快响应市场变化，抢占先机；还能显著提高技术成果的转化率和应用效果，让每一份投入都能产生最大的经济效益和社会效益。这种转化与推广并重的理念，对于推动科技创新与产业发展深度融合，提升行业整体竞争力具有重要意义。因此，该模式值得在更多领域进行推广和实践。

3. 降低研发成本

产学研用一体化模式通过倡导资源共享和优势互补的理念，极大地促进了资源的优化配置和高效利用。在这一模式下，产业界、学术界、研究机构和用户等多方可以共享设备、场地、人才等宝贵资源，避免了重复建设和浪费现象的发生。这种共享不仅有助于降低研发成本，减轻各方的经济负担，还能提高资源的利用效率，加速科技创新的进程。同时，资源共享还能够促进不同领域之间的深度交流与合作。各方在共享资源的过程中，可以相互学习、取长补短，共同攻克技术难题，推动科技创新和产业升级。因此，产学研用一体化模式不仅是一种资源高效利用的方式，更是一种推动科技创新和产业发展的有力手段。

（二）挑战与对策

1. 合作机制不完善

产学研用一体化模式的成功实施，离不开完善的合作机制作为支撑。为了确保产业界、学术界、研究机构和用户等各方能够有效沟通、协同合作，必须建立起一套高效、灵活且稳定的合作机制。针对这一问题，政府可以加强政策引导和支持，为产学研用合作提供有力的制度保障和资金扶持。通过搭建合作平台、设立专项资金、提供税收优惠等措施，鼓励各方积极参与合作，推动形成长期稳定的合作关系。同时，各方也应积极探索有效的合作模式和机制，加强沟通与协作，共同解决合作过程中遇到的问题和挑战。只有建立起互利共赢的合作机制，才能实现资源共享、优势互补，推动畜牧兽医技术的创新与应用，提升产业整体竞争力，推动畜牧业向高质量、高效益方向发展。

2. 利益分配不均衡

在产学研用一体化模式中，由于各方在资源投入、技术创新、市场推广等方面的贡献不同，因此在利益分配上可能存在不均衡的问题。这种不均衡如果长期存在，可能会影响各方的合作积极性和合作效果，甚至导致合作关系的破裂。为解决这一问题，建立合理的利益分配机制至关重要。这一机制应该充分考虑各方的贡献和投入，包括资金、技术、人才、设备等各种资源，以及各方在合作过程中所承担的风险和责任。通过科学评估和协商，确定合理的利益分配比例和方式，确保各方的利益得到保障，实现共赢。同时，利益分配机制还应具有动态调整性，能够根据合作进展和市场变化进行适时调整。只有这样，才能保持合作的稳定性和持久性，促进产学研用一体化模式的深入发展。

3. 技术转化难度大

畜牧兽医技术的转化和应用确实可能面临多方面的挑战，其中技术成熟度和市场需求是两个尤为重要的方面。技术成熟度直接关系到技术是否能够稳定、可靠地应用于实际生产中，而市场需求则决定了技术应用的广泛性和经济效益。为应对这些挑战，可以采取一系列措施。首先，加强技术评估是必不可少的。通过对技术进行全面、客观的评价，可以了解技术的优缺点、适用范围和潜在风险，从而为后续的技术改进和应用提供有力支持。其次，市场调研同样重要。通过深入了解市场需求和趋势，可以确定技术的应用方向和市场定位，确保技术与市场需求的紧密契合。此外，加强技术研发与应用的对接也是关键所在。应该建立有效的沟通机制，促进产业界、学术界和研究机构之间的密切合作。通过定期交流、共同研发和成果共享等方式，推动技术成果的快速转化和应用，使新技术能够尽快从实验室走向市场，为畜牧业的发展注入新的活力。

4. 人才流动与培养不足

在产学研用一体化模式中，人才流动和培养确实可能遇到一些挑战和困难。由于产业界、学术界、研究机构和用户之间存在一定的差异和壁垒，人才在流动和交流方面可能会受到一定的限制。同时，各方在人才培养的理念、方法和资源上也可能存在差异，导致人才培养的效果不尽如人意。为解决这一问题，可以建立人才共享和培养机制。通过打破传统的人才流动壁垒，推动产业界、学术界、研究机构和用户之间的人才交流与合作。各方可以共同制订人才培养计划，共享人才培养资源，推动人才在各方之间的流动和互通。这种机制不仅可以拓宽人才的视野和知识面，提高其综合素质和创新能力，还能为畜牧业的持续发展提供源源不断的人才保障。同时，还应加大人才培养和引进力度。通过加大对人才培养的投入和支持，提高人才培养的质量和效果。积极引进国内外优秀人才，为畜牧业的技术创新和产业升级提供强有力的智力支持。通过建立完善的人才培养和引进体系，为畜牧业的持续发展注入新的活力和动力。

第三章

畜牧兽医技术产业化基础

第一节　产业化的内涵与特征

一、畜牧兽医技术产业化的内涵

（一）畜牧兽医技术产业化的核心要素

1. 技术创新

技术创新在畜牧兽医技术产业化中扮演着至关重要的角色，它是推动整个产业向前发展的核心动力。随着科技的不断进步，传统的畜牧兽医技术已经难以满足现代畜牧业的发展需求，因此，通过不断研发新技术、新产品和新工艺，成为提高畜牧业科技含量和附加值的关键途径。技术创新涵盖了多个方面，包括新疫苗、新药物、新饲料添加剂的研发，以及新型养殖技术、智能化管理技术的应用等。这些创新不仅有助于提高动物疫病的防控能力和畜产品的质量安全水平，还能显著提高畜牧业的生产效率和经济效益。为了实现技术创新，需要加大科研投入，加强产学研用合作与交流，共同推动科技成果的转化和应用。同时，还需要建立完善的创新体系，鼓励企业积极参与技术创新活动，培养一支高素质的科研团队，为畜牧兽医技术产业化提供源源不断的创新动力。

2. 成果转化

将科研成果转化为实用技术，是畜牧兽医技术产业化过程中至关重要的一环。这一过程旨在将实验室中的理论成果转化为能够直接应用于实际生产中的技术或产品，从而提升畜牧业的科技水平和生产力。为实现科研成果的有效转化，首先需要建立高效的科研成果评估和筛选机制，确保所选技术或产品具有实用性和市场前景。接着，通过示范推广的方式，在实际生产环境中展示新技术、新产品的优势和应用效果，以吸引更多生产者的关注和采用。示范推广过程中，要注重与生产者的互动交流，及时收集反馈意见并进行优化调整。此外，技术培训也是加速科研成果转化的重要手段。通过组织专题讲座、现场指导、在线培训等多种形式的技术培训活动，帮助生产者掌握新技术、新产品的使用方法和注意事项，提高其应用能力和信心。同时，建立完善的技术服务体系，为生产者在使用过程中遇到的技术难题提供及时有效的解决方案。

3. 市场化运作

在畜牧兽医技术产业化的过程中，遵循市场规律是至关重要的。市场作为资源配置的有效手段，具有引导技术成果走向实际应用和产生经济价值的强大力量。因此，通过深入的市场调研，了解市场需求、竞争态势以及消费者偏好，成为将技术成果推向市场的先决条件。市场调研不仅能够帮助确定技术成果的市场潜力和定位，还能为后续的营销策划提供有力支持。在策划阶段，需要制订切实可行的营销策略和推广计划，确保技术成果能够迅速被市场接受并产生经济效益。这包括确定目标市场、制订价格策略、设计促销活动和建立分销渠道等。同时，实现技术成果的经济价值和社会效益也是产业化的重要目标。通过有效的市场推广和营销策略，技术成果不仅能够为企业带来经济收益，还能推动整个畜牧业的进步和发展，提高动物健康水平、保障食品安全，最终惠及广大消费者和社会公众。

（二）畜牧兽医技术产业化的实施路径

1. 产学研用一体化

加强产业界、学术界、研究机构和用户之间的合作与交流，是推动技术创新和成果转化的关键所在。这种跨界的合作与交流有助于打破传统的行业壁垒，促进资源共享和优势互补，从而加速畜牧兽医技术的研发和应用进程。产业界具有丰富的实践经验和市场需求洞察力，能够为技术研发提供明确的方向和目标。学术界和研究机构则拥有强大的科研实力和创新能力，能够不断产出具有前瞻性和引领性的科研成果。而用户作为技术的最终应用者，其反馈和需求对于技术的改进和优化至关重要。因此，加强这四者之间的合作与交流，不仅能够促进技术创新和成果转化的效率，还能够提高技术的实用性和市场竞争力。通过定期举办交流会、研讨会等活动，搭建起一个开放、共享、协同创新的平台，让各方能够充分交流思想、分享经验、合作研发，共同推动畜牧兽医技术的进步和发展。同时，政府和相关机构也应加强引导和支持，为这种跨界合作与交流提供良好的政策环境和资金保障。通过制订优惠政策、设立专项资金、建设公共服务平台等措施，降低合作成本，提高合作效益，进一步激发产业界、学术界、研究机构和用户的创新活力和合作动力。

2. 建立完善的技术推广体系

在畜牧兽医技术产业化的推进过程中，示范基地、技术推广站、科技园区等机构扮演着举足轻重的角色，它们共同为新技术、新产品的推广提供了有力支持。示范基地作为新技术、新产品的展示窗口，通过实地展示和示范操作，让广大畜牧从业者直观地了解新技术、新产品的优势和应用效果。这种实地示范的方式，不仅增强了从业者对新技术、新产品的信任度，还激发了他们尝试和应用的积极性。技术推广站则承担着将新技术、新产品从示范基地推广到更广泛区域的重要任务。它们通过组织培训、提供技术咨询、编发技术资料等方式，帮助畜牧从业者掌握新技术、新产品的使用方法，确保技术推广的顺利进行。科技园区则是一个集科研、示范、推广、培训于一体的综合性平台。在这里，不仅汇聚了大量的科研机构和人才，还建立了完善的技术创新和成果转化机制。科技园区通过整合各方资源，推动产学研用深度融合，为新技术、新产品的研发和推广提供了强有力的支持。

3. 加强人才培养和引进

为实现畜牧兽医技术产业化的长远发展，培养一支高素质的畜牧兽医技术人才队伍并引进国内外优秀人才显得尤为重要。这不仅是推动技术创新和成果转化的核心力量，也是提升整个产业竞争力、确保可持续发展的关键因素。首先，要高度重视本土畜牧兽医技术人才的培养。通过建立完善的培训体系、优化课程设置、加强实践教学等方式，不断提高人才的专业素养和实践能力。同时，鼓励企业、高校和科研机构之间的人才交流与合作，共同培养既懂技术又懂市场的复合型人才。其次，要积极引进国内外优秀人才。通过制订更具吸引力的人才引进政策、搭建国际交流与合作平台、举办高层次人才交流活动等措施，吸引更多海外高层次人才来华从事畜牧兽医技术研发与产业化工作。这些优秀人才的引进不仅能够带来先进的技术和理念，还能促进本土人才的成长和进步。最后，要建立健全人才激励机制。通过设立科技奖励、提供优厚待遇、创造良好工作环境等方式，激发人才的创新活力和工作热情。同时，加强人才评价体系建设，确保人才选拔、培养和使用的公平性和科学性。

4.创新投融资机制

在畜牧兽医技术创新和产业化领域，资金的投入是不可或缺的。然而，仅仅依靠政府的财政支持是远远不够的，因此，引导社会资本投入成了一个重要的策略。社会资本具有灵活性和创新性，能够有效补充政府资金的不足，为畜牧兽医技术创新和产业化提供更多的动力。为了引导社会资本投入，需要拓宽资金来源渠道。除了传统的银行贷款和财政补贴外，还可以探索股权融资、债券发行、众筹等多元化的融资方式。这些方式不仅能够吸引更多的投资者参与，还能够降低企业的融资成本，提高企业的融资效率。同时，还需要建立完善的投资机制和风险控制体系，确保社会资本的安全和收益。通过加强监管和信息披露，提高投资透明度，降低投资风险，从而吸引更多的社会资本投入畜牧兽医技术创新和产业化领域。此外，政府还可以通过政策引导、税收优惠等方式，鼓励社会资本投入。比如，对于在畜牧兽医技术创新和产业化领域投资的企业，可以给予税收减免、贷款优惠等政策支持，提高其投资积极性和回报率。

（三）畜牧兽医技术产业化的意义与价值

1.提升畜牧业整体竞争力

技术创新和成果转化在畜牧业发展中扮演着至关重要的角色。通过持续的技术创新和将科研成果有效转化为实际应用，可以显著提高畜牧业的科技水平和生产效率，进而降低成本，增强市场竞争力。技术创新是推动畜牧业现代化的核心动力。随着科技的不断发展，新技术、新产品和新工艺不断涌现，为畜牧业带来了前所未有的机遇。通过引入先进的养殖技术、智能化管理设备、高效饲料配方等创新成果，畜牧业能够实现更加精细化、高效化的生产管理，提高动物生长速度、繁殖效率和产品质量。这些创新不仅提升了畜牧业的整体科技水平，还使得生产过程更加环保、可持续。成果转化是将科技创新成果转化为实际生产力的关键环节。只有将科研成果应用到实际生产中，才能真正发挥其价值。通过加强产学研合作，建立有效的成果转化机制，可以将实验室中的创新成果快速推广到养殖场和畜牧企业中。这不仅能够加速新技术的普及和应用，还能够促进畜牧业的产业升级和结构调整。提高生产效率和降低成本是技术创新和成果转化的直接效益。新技术的应用使得生产过程更加高效、节能、环保，减少了资源浪费和环境污染。同时，通过优化生产流程、降低劳动强度、提高劳动生产率等措施，畜牧业能够显著降低生产成本，提高市场竞争力。这些效益不仅提升了畜牧企业的盈利能力，也为消费者提供了更加优质、安全的畜产品。

2. 保障动物源性食品安全

应用先进的畜牧兽医技术，对于提高动物疫病的防控能力和畜产品质量安全水平具有至关重要的作用，这直接关系到人民群众的身体健康和生活质量。随着畜牧兽医技术的不断进步和创新，现在拥有更多高效、精准的疫病防控手段和畜产品质量检测技术。例如，通过基因编辑技术，可以培育出抗病力更强的动物品种，从根本上提高动物对疫病的抵抗力；利用大数据和人工智能技术，可以实现对畜牧业生产全过程的实时监控和预警，及时发现并处理潜在的疫病风险；同时，先进的检测设备和方法也能够确保畜产品在生产、加工、运输等各个环节中的安全和质量。这些先进技术的应用，不仅显著提升了动物疫病的防控效果，降低了疫病暴发的风险，还大大提高了畜产品的质量安全水平。这意味着消费者能够购买到更加放心、健康的畜产品，从而有效保障人民群众的身体健康。此外，应用先进的畜牧兽医技术还能够促进畜牧业的可持续发展。通过减少疫病损失、提高生产效率、节约资源等措施，这些技术为畜牧业的绿色、环保发展提供了有力支持。这不仅有利于保护生态环境，还能够为农业和农村经济发展注入新的活力。

3. 促进农业和农村经济发展

畜牧兽医技术产业化在促进农业和农村经济发展中扮演着举足轻重的角色。作为现代农业的重要组成部分，畜牧业不仅为农村地区提供了丰富的畜产品，还为农民带来了可观的经济收益。因此，推动畜牧兽医技术产业化，对于实现农业增效、农民增收和农村繁荣具有重要意义。畜牧兽医技术产业化有助于提升农业生产效率。通过引入先进的养殖技术和管理经验，畜牧业能够实现规模化、集约化生产，提高动物生长速度和繁殖效率，从而增加畜产品产量。这不仅满足了市场需求，还为农民带来了更高的经济回报。畜牧兽医技术产业化促进了农民收入的增长。随着畜牧业的快速发展，农民可以通过养殖、销售畜产品等方式获得更多的收入。同时，畜牧业的产业链较长，涉及饲料生产、养殖、加工、销售等多个环节，为农民提供了更多的就业机会和增收渠道。畜牧兽医技术产业化对推动农村繁荣具有积极作用。畜牧业的兴旺发达不仅带动了相关产业的发展，如饲料加工、兽药生产等，还促进了农村基础设施的建设和完善。同时，随着农民收入的增长和生活水平的提高，农村地区的消费能力也得到提升，进一步拉动了农村经济的增长。

二、畜牧兽医技术产业化特征

（一）技术集成与创新性

1. 先进技术融合

畜牧兽医技术产业化在推动畜牧业现代化进程中，特别注重将最新的科研成果和先进技术转化为实际生产力，以实现畜牧业的可持续发展。其中，生物技术、信息技术、智能化设备等高科技手段的应用，为提升畜牧业的整体科技水平发挥了至关重要的作用。生物技术的应用在畜牧兽医技术产业化中尤为突出。通过基因编辑、克隆等生物技术手段，可以培育出抗病力强、生长速度快、肉质优良的新品种，从根本上提高畜牧业的生产效率和产品质量。同时，生物疫苗、生物饲料等产品的研发和应用，也为动物疫病的防控和畜牧业的绿色发展提供了有力支持。

信息技术在畜牧兽医技术产业化中也发挥了重要作用。通过大数据、云计算、物联网等信息技术手段，可以实现对畜牧业生产全过程的实时监控和管理，提高生产效率和管理水平。同时，信息技术还可以应用于畜产品溯源、市场分析等领域，为保障畜产品质量安全和市场营销提供有力支撑。智能化设备的应用则是畜牧兽医技术产业化的又一重要特征。随着机械化、自动化、智能化等技术的发展，越来越多的智能化设备被应用于畜牧业生产中，如自动化喂料系统、智能化环境控制系统等。这些设备的应用不仅提高了生产效率，还降低了劳动强度，改善了工作环境。

2. 持续创新机制

为了保持产业竞争力并满足不断变化的市场需求，畜牧兽医技术产业化过程始终坚持创新为核心驱动力。在这一进程中，建立了持续的创新机制，旨在激发企业、科研机构和高校等创新主体的积极性和创造力，推动新技术、新产品的不断涌现，为畜牧业的持续发展注入源源不断的动力。这种创新机制首先体现在政策支持上。政府通过制订优惠的科技创新政策，如提供研发资金、税收减免、知识产权保护等，为企业和科研机构创造了良好的创新环境。这些政策不仅降低了创新成本，还提高了创新收益，从而激发了创新主体的积极性。

同时，企业、科研机构和高校之间建立了紧密的产学研合作关系。通过项目合作、人才培养、技术交流等方式，实现了资源共享和优势互补，加速了科技成果的转化和应用。这种合作模式不仅提高了创新效率，还促进了科技与经济的深度融合。此外，创新机制还注重人才培养和引进。通过优化人才结构、提高人才素质、引进高层次人才等措施，为畜牧兽医技术产业化提供了强有力的人才保障。这些人才不仅具备扎实的专业知识和实践技能，还具有较强的创新意识和团队协作能力，是推动新技术、新产品不断涌现的关键力量。最后，创新机制还建立了完善的评价体系和激励机制。通过对创新成果进行科学评价，给予创新主体相应的荣誉和奖励，进一步激发了他们的创新热情和动力。这种正向激励不仅有助于形成良好的创新氛围，还促进了创新成果的持续涌现和畜牧业的健康发展。

（二）产业结构优化与升级

1. 产业链完善

畜牧兽医技术产业化的深入推进，对畜牧产业链的完善与发展起到了积极的促进作用。这一进程不仅涵盖了饲料生产、良种繁育、养殖管理等畜牧业上游环节，还延伸到了疫病防控、产品加工与销售等下游领域，形成了紧密而高效的产业链合作模式。

（1）饲料生产环节

畜牧兽医技术产业化推动了饲料配方的优化和生产工艺的改进，提高了饲料的营养价值和利用率，为动物提供了更加全面、均衡的营养来源。同时，通过引入先进的饲料加工设备和技术，实现了饲料生产的自动化、智能化，提高了生产效率和产品质量。

（2）良种繁育环节

畜牧兽医技术产业化注重优良品种的选育和扩繁，利用生物技术、基因编辑等手段，培育出抗病力强、生长速度快、肉质优良的新品种，提高了畜牧业的生产效率和经济效益。同时，通过建立完善的良种繁育体系，确保了优良品种的纯度和品质，为畜牧业的可持续发展提供了有力保障。

（3）养殖管理环节

畜牧兽医技术产业化推动了养殖模式的转变和管理水平的提升。通过引入智能化养殖设备、建立养殖信息化管理系统等方式，实现了对养殖环境的精准控制和动物生长情况的实时监测，提高了养殖效率和动物福利水平。同时，通过推广科学养殖技术和环保理念，促进了畜牧业的绿色、健康发展。

（4）疫病防控环节

畜牧兽医技术产业化加强了疫病监测和预警体系的建设，提高了对动物疫病的防控能力。通过研发新型疫苗、改进诊疗技术等方式，有效降低了动物疫病的发病率和死亡率，保障了畜牧业的稳定发展。同时，通过建立完善的疫病防控机制和应急预案，提高了对突发疫病的应对能力。

（5）产品加工与销售环节

畜牧兽医技术产业化推动了畜产品加工业的升级和市场营销策略的创新。通过引入先进的加工技术和设备，提高了畜产品的加工效率和附加值；通过拓展销售渠道、打造知名品牌等方式，提高了畜产品的市场竞争力和知名度。这些举措不仅促进了畜牧产业链的完善与发展，还为农民增收和农村经济发展提供了有力支撑。

2. 产业结构升级

随着科技的飞速发展和市场环境的日新月异，畜牧兽医技术产业化成为推动畜牧产业结构升级的重要力量。这一进程不仅促进了资源的优化配置，还显著提高了生产效率，为产业的可持续发展奠定了坚实基础。在技术的持续进步推动下，畜牧兽医领域涌现出众多创新成果，如智能化养殖设备、高效疫病防控技术、新型饲料添加剂等。这些技术的应用与推广，极大地改变了传统畜牧业的生产方式和管理模式，推动了畜牧产业向科技化、智能化方向迈进。同时，市场的变化也为畜牧兽医技术产业化提供了新的发展机遇。消费者对畜产品的需求日益多样化、高品质化，对畜牧业生产提出了更高要求。在这一背景下，畜牧兽医技术产业化通过引入新技术、培育新品种、优化生产流程等手段，不断满足市场需求，推动了畜牧产业结构的升级和转型。这一升级过程不仅优化了资源配置，使土地、资本、劳动力等生产要素更加合理地投入到畜牧业生产中，还提高了生产效率，降低了生产成本，增强了畜牧产业的市场竞争力。同时，畜牧兽医技术产业化还注重生态环境保护，通过推广绿色养殖技术、实现废弃物资源化利用等措施，促进了畜牧产业与生态环境的和谐发展。

（三）市场导向与竞争力提升

1. 市场需求导向

畜牧兽医技术产业化在推动畜牧业现代化的过程中，始终紧密围绕市场需求这一核心导向进行技术研发和产品创新。这是因为，满足消费者对优质、安全、健康畜产品的需求，不仅是畜牧业发展的根本目标，也是畜牧兽医技术产业化得以持续发展的动力源泉。为了实现这一目标，畜牧兽医技术产业化注重市场调研和需求分析，深入了解消费者对畜产品的关注点和需求变化。在此基础上，通过引入先进的科研力量和技术手段，进行有针对性的技术研发和产品创新，以满足不同消费群体的个性化需求。在技术研发方面，畜牧兽医技术产业化关注饲料配方优化、良种选育、疫病防控、养殖环境控制等关键领域，力求通过科技创新提高畜产品的品质和安全性。例如，利用生物技术培育抗病力强、生长性能好的新品种，减少药物使用，提高畜产品的健康水平；通过智能化养殖设备的研发和应用，实现对养殖环境的精准控制，提高动物福利和产品质量。在产品创新方面，畜牧兽医技术产业化注重开发具有市场竞争力的新产品。这包括高附加值的深加工产品、功能性畜产品、绿色有机畜产品等。通过产品创新，不仅可以满足消费者对优质、安全、健康畜产品的需求，还能为畜牧企业带来更高的经济效益。

2. 品牌意识强化

为了提升市场竞争力并确立在畜牧业中的领先地位，畜牧兽医技术产业化进程特别注重品牌建设和品牌意识的强化。这是因为品牌不仅是企业形象的象征，更是产品质量和信誉的保证，对于提高产品的知名度和美誉度具有至关重要的作用。在品牌建设方面，畜牧兽医技术产业化致力于打造知名品牌。这包括从品牌定位、品牌形象设计到品牌推广等各个环节的精心策划和实施。品牌定位要准确，能够凸显产品的独特性和竞争优势；品牌形象设计要鲜明、易记，能够吸引消费者的眼球并留下深刻印象；品牌推广则要通过多种渠道和方式，如广告、展览、公关活动等，将品牌信息传递给更多的潜在客户。同时，强化品牌意识也是畜牧兽医技术产业化提升市场竞争力的重要手段。这要求从企业内部做起，树立全员品牌意识，将品牌理念融入企业的各个环节和员工的日常行为中。通过培训、激励等措施，使员工充分认识到品牌对于企业的重要性，自觉维护品牌形象和声誉。此外，畜牧兽医技术产业化还注重通过优质的产品和服务来支撑品牌建设。只有不断提供满足消费者需求的高品质畜产品，才能赢得消费者的信任和忠诚，进而提升品牌的知名度和美誉度。同时，完善的服务体系也是品牌建设不可或缺的一部分，包括售前咨询、售中支持、售后服务等，都要做到及时、专业、周到。

（四）政策扶持与社会化服务

1. 政策扶持力度加大

政府在推动畜牧兽医技术产业化的发展上，一直扮演着至关重要的角色。为了加速这一进程，使其更好地服务于社会经济发展和满足人民群众对优质畜产品的需求，政府出台了一系列扶持政策，旨在为产业化进程提供全方位的有力保障。其中，财政补贴是政府扶持政策的重要组成部分。政府通过设立专项资金，对畜牧兽医技术研发、产品创新、品牌建设等关键环节给予补贴支持，有效降低了企业和科研机构的创新成本和经济压力。这些补贴不仅激发了创新主体的积极性，还促进了先进技术和成果的快速转化与应用。税收优惠也是政府推动畜牧兽医技术产业化的重要手段。政府对从事畜牧兽医技术研发、产品生产和销售的企业给予税收减免、优惠等政策支持，增加了企业的盈利空间和市场竞争力。这些税收优惠政策不仅提高了企业的创新能力和市场活力，还吸引了更多的社会资本投入到畜牧兽医领域，推动了产业的快速发展。此外，金融支持也是政府扶持政策的重要内容。政府通过引导金融机构加大对畜牧兽医技术产业化的信贷支持力度，创新金融产品和服务方式，为产业化进程提供了多元化的融资渠道和便捷的金融服务。这些金融支持措施不仅解决了企业的融资难题，还降低了融资成本，为企业的持续发展和创新提供了有力支撑。

2. 社会化服务体系完善

畜牧兽医技术产业化的深入推进，不仅推动了畜牧产业链的全面升级，还在很大程度上促进了社会化服务体系的完善。这一服务体系涵盖了技术推广、疫病防控、质量检测等多个关键领域，为畜牧企业和广大养殖户提供了便捷、高效的服务支持，有力地保障了畜牧业的稳定、健康发展。在技术推广方面，畜牧兽医技术产业化注重将最新的科研成果和先进技术应用于生产实践，通过组织培训、示范推广等方式，帮助畜牧企业和养殖户掌握现代畜牧兽医知识和技能，提高了他们的生产效率和经济效益。这不仅加快了新技术的普及速度，还提升了整个畜牧业的技术水平。

在疫病防控方面，社会化服务体系通过建立健全的疫病监测预警机制、完善防疫设施和提供及时的疫病防控指导，有效降低了动物疫病的发病率和传播风险。同时，针对突发疫情，服务体系能够快速响应，调动专业力量进行紧急处置，最大限度地减少疫情给畜牧企业和养殖户造成的损失。在质量检测方面，社会化服务体系建立了严格的质量检测标准和流程，对饲料、兽药等投入品和畜产品进行全面、准确的检测，确保了畜产品的质量和安全。这不仅增强了消费者对畜产品的信心，还提升了畜牧产品的市场竞争力。

第二节 产业化条件与支持系统

一、畜牧兽医技术产业化条件

（一）市场条件

1. 市场需求

市场需求是畜牧兽医技术产业化的核心驱动力。在当今社会，随着人们对生活质量要求的不断提升，食品安全和动物健康问题日益受到广泛关注。这种关注度的提高直接推动了市场对高品质畜牧兽医技术的强烈需求。食品安全是消费者最为关心的问题之一。畜牧产品作为食品链的重要环节，其安全性直接关系到人们的饮食安全。因此，消费者对畜牧产品的品质要求越来越高，对无药残、无疫病、绿色健康的畜牧产品更加青睐。这就要求畜牧兽医技术必须不断提升，以满足市场对安全、优质畜牧产品的需求。动物健康也是畜牧兽医技术产业化不可忽视的市场需求。随着养殖业的规模化、集约化发展，动物疫病的防控压力越来越大。一旦发生重大动物疫病，不仅会给养殖业带来巨大的经济损失，还可能对人类的健康造成威胁。因此，市场对高效、安全、便捷的畜牧兽医技术有着迫切的需求，以保障动物健康，维护养殖业的稳定发展。此外，随着国际贸易的日益频繁，畜牧产品的进出口也成为推动畜牧兽医技术产业化的重要因素。国际市场对畜牧产品的品质要求更加严格，对畜牧兽医技术的先进性、可靠性有着更高的要求。因此，国内畜牧兽医技术必须不断提升，以适应国际市场的竞争需求。

2. 市场竞争力

在产业化进程中，畜牧兽医技术所面临的市场竞争是激烈且复杂的。为了在这场竞争中脱颖而出，畜牧兽医技术必须具备显著的市场竞争力。这种竞争力来自多个方面，其中技术创新、成本优势和服务优势尤为关键。技术创新是提升畜牧兽医技术市场竞争力的核心。在科技日新月异的今天，只有不断进行技术创新，才能在市场中保持领先地位。通过研发新技术、新工艺和新产品，畜牧兽医技术能够不断提高生产效率、降低生产成本，同时提升产品质量和安全性。这种创新不仅能够满足消费者的现有需求，还能够创造新的市场需求，从而为企业带来更大的市场空间。成本优势也是畜牧兽医技术市场竞争力的重要组成部分。在激烈的市场竞争中，成本控制能力直接决定了企业的盈利能力。通过优化生产流程、提高资源利用效率、降低原材料和能源消耗等方式，畜牧兽医技术能够形成成本优势，从而在价格竞争中占据有利地位。这种成本优势不仅能够吸引更多的消费者，还能够为企业赢得更多的市场份额。服务优势也是提升畜牧兽医技术市场竞争力的重要手段。在现代市场中，消费者的需求日益多样化和个性化。为了满足这些需求，畜牧兽医技术必须提供全方位、高质量的服务。通过建立完善的售前、售中和售后服务体系，提供技术咨询、培训、维修等增值服务，畜牧兽医技术能够赢得消费者的信任和忠诚，从而巩固和扩大市场份额。

（二）技术条件

1. 先进技术

畜牧兽医技术产业化是一个综合性、系统性的过程，它离不开先进技术的支撑和推动。这些技术涉及疫病防控、兽药研发、饲料配方优化等多个领域，都是提高生产效率和产品质量的关键要素。疫病防控技术是保障畜牧业稳定发展的基石。随着养殖密度的增加和动物流动性的提高，疫病防控的压力不断增大。因此，研究和应用先进的疫病防控技术显得尤为重要。这些技术包括疫苗研发、快速检测技术、生物安全措施等，能够有效预防和控制动物疫病的发生和传播，降低养殖风险，提高生产效率。兽药研发技术也是畜牧兽医技术产业化不可或缺的一部分。随着人们对动物健康和食品安全的关注度不断提高，对兽药的安全性、有效性和环保性要求也越来越高。因此，兽药研发需要不断创新，开发出更加安全、高效、环保的新型兽药，以满足市场需求。同时，还需要加强兽药的合理使用和监管，确保畜牧产品的质量和安全。此外，饲料配方优化技术也是提高畜牧业生产效率和产品质量的重要手段。通过科学的饲料配方设计和优化，能够满足动物不同生长阶段的营养需求，提高饲料的利用率和转化效率，降低生产成本。同时，合理的饲料配方还能够改善动物的健康状况和生产性能，提高畜牧产品的品质和产量。

2. 技术推广

有效的技术推广体系在畜牧兽医技术产业化中扮演着举足轻重的角色。这一体系能够将经过验证的、先进的畜牧兽医技术从实验室和研发机构传递到广大养殖户和畜牧企业中，从而确保整个行业技术水平的持续提升。技术推广不仅仅是简单的技术传递，它更是一个系统化、组织化的过程，需要借助多种渠道和手段，如培训、示范、咨询服务等，确保技术能够真正被理解和应用。对于养殖户和畜牧企业而言，这些先进的技术往往能够带来生产效率的提升、成本的降低以及产品质量的提高，从而增强他们的市场竞争力。在技术推广的过程中，还需要特别注意技术的适用性和可行性。不同的地区、不同的养殖规模、不同的畜种都可能对技术有不同的需求和要求。因此，技术推广体系需要具备一定的灵活性和针对性，能够根据实际情况进行调整和优化，确保技术能够真正落地生根。此外，有效的技术推广体系还需要建立起完善的技术反馈和更新机制。通过收集一线用户的使用反馈和意见，及时对技术进行修正和改进，确保技术的先进性和实用性。同时，随着科技的不断进步和市场的不断变化，技术推广体系还需要不断引入新的技术和理念，保持与时俱进。

（三）政策条件

1. 政府支持

政府在畜牧兽医技术产业化过程中的作用不可忽视。作为调控和引导经济发展的重要力量，政府通过一系列的政策和措施，为畜牧兽医技术产业化提供了有力的支持和保障。政府通过制订优惠政策，降低了畜牧兽医技术产业化的门槛和风险。这些优惠政策包括税收优惠、土地租赁优惠、贷款利率优惠等，都是为了减轻企业的负担，提高其盈利能力和市场竞争力。这些政策的实施，不仅吸引了更多的企业和资本进入畜牧兽医领域，还激发了行业内的创新活力和发展动力。政府提供财政补贴，直接支持畜牧兽医技术的研发和推广。财政补贴可以用于支持科研机构的研发活动、企业的技术创新、养殖户的技术培训等方面。这种补贴不仅能够降低技术创新的风险和成本，还能够加快新技术的推广和应用速度，提升整个行业的技术水平。此外，政府还设立专项资金，用于支持畜牧兽医技术产业化的重点项目和关键环节。这些资金通常用于支持具有市场前景和创新性的项目，如新型兽药的研发、高效养殖技术的推广等。

专项资金的设立和使用，不仅提高了资金的使用效率，还确保了关键项目和环节的资金需求得到满足。

2. 法规保障

完善的法律法规体系是畜牧兽医技术产业化稳健发展的基石。它为产业的各个环节提供了明确的指导原则和行为规范，从制度层面确保了产业的健康、有序发展。知识产权保护是法律法规体系中的关键环节。在畜牧兽医技术产业化过程中，新技术的研发和创新是持续推动产业进步的核心动力。知识产权保护制度能够确保创新者的合法权益不受侵犯，激励科研人员和企业积极投入研发，促进技术成果的转化和应用。通过专利、商标、著作权等法律工具，创新者可以在一定期限内独占其技术成果的市场权益，从而获得合理的经济回报。市场准入制度是维护市场秩序和公平竞争的重要手段。在畜牧兽医领域，市场准入制度通常包括企业资质认证、产品注册审批、从业人员资格要求等方面的规定。这些制度能够确保进入市场的企业和产品具备一定的质量和安全标准，防止低劣和不合格的产品扰乱市场秩序，保障消费者的合法权益。同时，市场准入制度还有助于营造公平竞争的市场环境，促进优胜劣汰，提升整个行业的竞争力。质量标准体系是提升畜牧兽医产品质量和安全性的重要保障。通过建立完善的质量标准体系，可以明确产品的质量标准、检测方法、评定规则等，确保畜牧兽医产品在生产、加工、销售等各个环节都符合既定的质量和安全要求。这不仅能够提升产品的市场竞争力，还能够增强消费者的信心，推动产业的可持续发展。

3. 金融支持

在畜牧兽医技术产业化的过程中，资金往往是企业发展和创新的关键因素。为了解决这个问题，政府可以积极发挥其引导作用，与金融机构合作，为畜牧兽医技术产业化提供专项贷款、融资担保等金融支持，从而有效降低企业的融资成本。专项贷款是针对畜牧兽医技术产业化项目设立的一种特殊贷款。政府可以与银行、信用社等金融机构合作，设立专门的贷款产品，为符合条件的畜牧兽医企业提供低利率、长期限的贷款支持。这种贷款通常具有较为优惠的利率和灵活的还款方式，能够有效满足企业在技术研发、设备购置、市场推广等方面的资金需求。除了专项贷款外，政府还可以引导金融机构为畜牧兽医企业提供融资担保服务。融资担保是一种信用增级手段，能够帮助企业提高融资成功率并降低融资成本。政府可以出资设立担保机构或者与现有担保机构合作，为畜牧兽医企业提供担保支持，分散金融机构的贷款风险，从而鼓励金融机构更加积极地为畜牧兽医技术产业化提供融资服务。此外，政府还可以通过政策引导、财政贴息等方式，鼓励金融机构创新金融产品和服务模式，为畜牧兽医技术产业化提供更加多元化、个性化的金融支持。这些措施不仅能够解决企业在产业化过程中的资金瓶颈问题，还能够促进金融与畜牧业的深度融合，推动产业的快速发展。

（四）人才条件

1. 专业人才

畜牧兽医技术产业化作为一个综合性、科技含量高的领域，对专业人才的需求尤为迫切。这些专业人才不仅是推动产业发展的核心力量，也是确保畜牧兽医技术持续创新和应用的关键。首先，科研人员是畜牧兽医技术产业化不可或缺的基石。他们需要具备深厚的理论知识和创新能力，能够针对畜牧业发展中的难题和挑战，开展前瞻性的研究工作。通过不断探索和实践，科研人员能够开发出新的技术、工艺和产品，为产业化提供源源不断的创新动力。其次，技术推广人员是将先进畜牧兽医技术普及到广大养殖户和畜牧企业中的重要桥梁。他们需要具备扎实的专业知识和丰富的实践经验，能够准确理解并掌握新技术的要点和精髓。同时，技术推广人员还需要具备良好的沟通能力和示范能力，能够用通俗易懂的方式向养殖户和企业传授技术，确保技术能够真正得到应用和推广。此外，市场营销人员也是畜牧兽医技术产业化中不可或缺的一部分。他们需要具备敏锐的市场洞察力和丰富的营销经验，能够准确把握市场需求和消费者心理，制订出有效的营销策略和推广方案。通过市场营销人员的努力，畜牧兽医技术和产品能够更好地被市场接受和认可，从而实现产业化的可持续发展。

2. 教育培训

畜牧兽医领域的教育培训是提升从业人员专业素质和技术水平的重要途径。随着畜牧业的快速发展和科技进步的不断加速，对从业人员的专业知识和技能要求也越来越高。因此，加强畜牧兽医领域的教育培训显得尤为重要。为了提高从业人员的专业素质和技术水平，可以通过举办各种形式的培训班和研讨会等活动，为从业人员提供一个学习和交流的平台。这些活动可以邀请行业内的专家和学者进行授课和指导，分享他们的经验和技术，帮助从业人员掌握最新的畜牧兽医技术和知识。培训班和研讨会的内容应该紧密结合畜牧兽医领域的实际需求和发展趋势，涵盖疫病防控、兽药使用、饲料配方优化、养殖技术等方面的知识和技能。同时，还应该注重实践操作的培训，通过现场演示、实践操作等方式，让从业人员真正掌握技术和方法。除了传统的面对面培训外，还可以借助互联网和信息技术，开展在线教育和远程培训。这种方式可以突破时间和空间的限制，让从业人员随时随地都能进行学习。同时，在线教育还可以提供个性化的学习方案和资源，满足不同从业人员的学习需求。

3.人才引进与激励

在畜牧兽医技术产业化的推进过程中，优秀的人才资源无疑是核心竞争力的体现。为了构建一支高素质、专业化的人才队伍，制订合理的人才引进和激励政策显得尤为重要。首先，应该确立明确的人才引进策略。这包括在国内外知名高校、科研机构中寻找具有畜牧兽医背景的优秀人才，通过提供具有竞争力的薪酬待遇、职业发展路径和科研项目支持等手段，吸引他们加入畜牧兽医技术产业化的队伍中来。同时，还应该关注行业内的人才流动，积极引进具有丰富实践经验和创新能力的技术骨干和管理精英，为产业化进程注入新的活力。其次，对于现有人才，同样需要制订一套完善的激励政策。这包括建立公正的绩效评价体系，确保每个人的努力和贡献都能得到应有的认可；提供多样化的奖励机制，如奖金、晋升机会、培训学习等，激发人才的积极性和创造力；营造良好的工作环境和氛围，让人才在团队中感受到归属感和成就感。此外，还应该为人才提供广阔的发展空间。这包括鼓励人才参与重大科研项目和决策过程，提升他们的责任感和使命感；建立跨部门、跨领域的合作平台，促进人才之间的交流和合作；提供内外部的培训和学习机会，帮助人才不断提升自身的专业素质和综合能力。

二、畜牧兽医技术产业化的支持系统

（一）科技创新支持系统

1.科研平台建设

为了推动畜牧兽医领域的科技创新和产业化发展，建立国家级、省级重点实验室、工程技术中心等科研平台至关重要。这些科研平台不仅是吸引和集聚优秀人才的重要载体，更是开展畜牧兽医领域前沿研究、推动技术成果转化的关键力量。国家级、省级重点实验室通常具备一流的科研设备和研究条件，能够吸引国内外顶尖的科研人才加入。这些人才在实验室中可以进行深入的基础研究和应用基础研究，探索畜牧兽医领域的新理论、新方法，为解决行业内的重大科学问题提供有力支持。同时，实验室还可以与企业、高校等合作，共同开展技术攻关和成果转化，推动科技创新与产业发展的深度融合。工程技术中心则更注重技术的研发和应用。它们通常围绕畜牧兽医领域的重大技术需求，组织科研团队进行技术攻关和集成创新。通过与企业紧密合作，工程技术中心可以将最新的科研成果转化为实际生产力，提升企业的技术水平和市场竞争力。同时，工程技术中心还可以为行业提供技术咨询、培训等服务，推动整个行业的技术进步和产业升级。这些科研平台的建立，不仅能够吸引和集聚优秀人才，提升畜牧兽医领域的科研水平，还能够促进产学研用的紧密结合，推动科技创新与产业发展的良性互动。因此，应该加大对国家级、省级重点实验室、工程技术中心等科研平台的投入和支持力度，为畜牧兽医领域的持续健康发展提供有力保障。

2. 产学研合作机制

推动科研机构、高校和企业之间的紧密合作是科技创新和产业发展的重要策略。这种合作模式不仅可以实现资源共享、优势互补，还能够有效促进科技成果的转化和应用，为畜牧兽医领域带来实实在在的经济效益和社会效益。科研机构通常拥有强大的研发能力和深厚的理论基础，能够开展前沿的科学研究和技术创新。高校则是人才培养的摇篮，拥有丰富的教育资源和师资力量。而企业则更贴近市场，了解用户需求，具备强大的生产能力和市场推广能力。三者之间的紧密合作可以将各自的优势充分发挥出来，形成强大的合力。通过合作，科研机构可以获得更多的实际应用场景和市场需求信息，从而更加精准地开展研究。高校则可以将最新的科研成果和教学内容相结合，培养出更多符合市场需求的高素质人才。企业则可以借助科研机构和高校的技术支持，提升产品的科技含量和竞争力，实现可持续发展。此外，紧密的合作还可以促进科技成果的快速转化和应用。科研机构和高校可以将自己的研究成果通过企业推向市场，实现产业化。而企业则可以将市场需求和反馈及时传递给科研机构和高校，引导研究方向的调整和优化。这种合作模式可以大幅缩短科技成果从实验室到市场的时间，提高科技成果的转化效率。

3. 创新激励机制

为了进一步激发畜牧兽医技术产业化领域的创新活力和积极性，设立科技创新奖励制度显得尤为重要。这一制度旨在对那些在科技创新和产业化进程中做出突出贡献的个人和团队给予应有的表彰和奖励，从而营造尊重创新、鼓励创新的良好氛围。科技创新奖励制度的设立，不仅是对创新者工作成果的肯定，更是一种激励和鞭策。它能够让创新者感受到自己的付出得到了社会的认可和尊重，进而激发他们继续投身科技创新的热情和动力。同时，这一制度还能够吸引更多的优秀人才加入畜牧兽医技术产业化的队伍中来，共同推动产业的快速发展。在奖励形式上，可以采取物质奖励与精神奖励相结合的方式，如颁发荣誉证书、给予科研经费支持、提供深造机会等，让获奖者在精神上和物质上都得到实实在在的收益。

（二）市场推广支持系统

1. 市场信息服务

为了更好地服务畜牧兽医行业，推动技术产业化进程，应建立畜牧兽医技术市场信息平台。该平台将致力于整合各类行业资源，及时发布行业动态、市场需求以及价格趋势等关键信息，确保企业能够迅速、准确地掌握市场脉搏。通过这一平台，企业不仅可以了解当前市场的热点和难点，还能预见未来的发展趋势，从而做出更加明智的决策。此外，市场信息平台还能促进企业之间的交流与合作，共同应对市场变化，共享发展机遇。总之，畜牧兽医技术市场信息平台的建立，将为企业把握市场机遇、规避风险提供有力支持，推动整个行业向更高水平迈进。

2. 品牌建设与推广

在畜牧兽医技术产业化的过程中，品牌建设和推广活动对于企业的发展至关重要。一个优秀的品牌不仅可以提升产品的知名度和美誉度，还能够增强企业在市场中的竞争力，从而实现可持续发展。支持企业开展品牌建设和推广活动，首先是要帮助企业确立清晰的品牌定位。这包括明确品牌的核心价值、目标市场以及差异化竞争优势等，使品牌能够在消费者心中留下深刻的印象。其次，通过多元化的推广手段，如广告、公关活动、线上线下营销等，将品牌的形象和理念传递给更多的潜在客户。这些推广活动不仅可以提升品牌的曝光度，还能够增强消费者对品牌的认同感和忠诚度。最后，还应该鼓励企业注重产品质量和服务质量的提升。因为无论品牌推广做得再好，如果产品或服务的质量不过关，那么品牌的声誉和形象最终还是会受到损害。因此，品牌建设和推广活动应该与企业的整体发展战略相结合，以优质的产品和服务为基础，打造真正具有竞争力的品牌。

（三）人才培养与引进支持系统

1. 教育培训体系构建

（1）高等教育资源优化

为了培养更多符合畜牧兽医行业需求的高素质人才，加强相关专业的高等教育投入至关重要。这不仅包括资金、设备等硬件资源的投入，更包括师资力量、教学方法等软件资源的提升。同时，优化课程设置也是关键一环，要确保教育内容与行业需求紧密相连，及时更新教学内容，引入最新的行业知识和技术。此外，还应该注重实践教学，加强与企业、科研机构的合作，为学生提供更多的实践机会和资源，培养他们的实际操作能力和创新能力。通过这些措施，可以为畜牧兽医行业输送更多具备专业素养和实践能力的高水平人才，推动行业的持续健康发展。

（2）职业教育与培训

为了满足畜牧兽医行业对实用型技能人才的需求，建立多层次的职业教育体系显得尤为关键。这一体系应涵盖中专、高职、技师学院等多个层次，确保人才培养的连贯性和多样性。中专阶段可以注重基础理论和实践技能的结合，培养学生具备基本的职业素养和实践能力；高职阶段则可以进一步提升学生的专业技能和综合素质，使他们更好地适应行业发展的需求；而技师学院则可以作为高级技能人才的摇篮，重点培养学生的创新能力和解决复杂问题的能力。通过建立这样的多层次职业教育体系，可以为畜牧兽医行业提供源源不断的实用型技能人才。这些人才不仅具备扎实的理论基础，还拥有丰富的实践经验，能够迅速适应并胜任各种工作场景，为行业的持续健康发展提供有力的人才保障。同时，这种职业教育体系还能够有效促进教育资源的优化配置，提高教育质量和效益，为社会的繁荣和进步作出贡献。

（3）在职人员继续教育

随着畜牧兽医技术的不断发展和更新，鼓励并支持在职人员参加各类继续教育和培训活动显得尤为重要。这不仅有助于提升在职人员的专业技能和知识水平，使其更好地适应行业发展的需求，还能够增强企业的整体竞争力。为此，可以采取多种措施，如设立继续教育基金，为在职人员提供经济支持；与高校、科研机构合作，举办针对性强的培训班和研讨会；鼓励企业建立内部培训机制，为员工提供个性化的学习和发展机会。同时，还可以建立激励机制，如将培训成果与晋升、薪酬等挂钩，以激发在职人员参加继续教育的积极性。

2. 人才引进策略实施

（1）海外人才引进

通过与国际知名高校、研究机构的紧密合作，可以有效吸引海外高层次人才来华从事畜牧兽医技术产业化工作，为行业发展注入新的活力。这些国际合作伙伴在畜牧兽医领域拥有先进的研究水平和丰富的教育资源，通过与他们的合作，可以引进国外先进的科研成果和技术创新，加速国内畜牧兽医技术的升级换代。同时，海外高层次人才带来的国际化视野和先进经验，有助于推动国内畜牧兽医行业的创新发展和国际化进程。为了吸引这些人才，应提供具有竞争力的薪酬待遇、良好的工作环境和广阔的发展空间，让他们在华工作期间能够充分发挥自己的专业能力和创新精神。此外，还应积极搭建国际交流平台，促进国内外专家学者之间的深入交流与合作，共同推动畜牧兽医技术产业化的快速发展。

（2）国内优秀人才挖掘

为了更有效地发现和引进国内畜牧兽医领域的优秀人才，应该建立一个全面的人才数据库。这个数据库将广泛搜集和整理国内相关专业人才的信息，包括但不限于他们的教育背景、工作经历、研究成果、专业技能等。通过建立这样的人才数据库，可以更加系统地追踪行业动态，及时发现那些在畜牧兽医技术产业化过程中表现突出的优秀人才。同时，这个数据库还可以作为与人才进行沟通和联系的桥梁，帮助更好地了解他们的需求和期望，为他们提供合适的工作机会和发展空间。在人才数据库的建设过程中，还应注重数据的更新和维护，确保其中信息的准确性和时效性。此外，还可以利用大数据分析和挖掘技术，对人才数据进行深度分析，发现人才市场的趋势和变化，为行业的人才引进和培养提供更加科学和精准的决策支持。

（3）校企合作培养人才

深化校企合作是提升畜牧兽医领域人才培养质量、推动技术产业化的重要途径。通过学校与企业的紧密合作，可以共同构建符合行业需求的高素质人才培养体系，实现学校与企业之间的无缝对接。具体而言，校企双方可以共同制订培养方案，将企业的实际需求融入课程设置和教学内容中，确保学生所学知识与技能能够紧密贴合行业需求。同时，企业可以为学生提供实习实训机会，让学生在实践中锻炼能力、积累经验，更好地适应未来的工作岗位。此外，校企合作还可以促进科研成果的转化和应用。学校可以将研究成果与企业共享，为企业提供技术支持和创新动力；企业则可以为学校提供实验基地和产业化平台，推动科研成果的实际应用和产业化进程。

第三节　产业化现状与挑战

一、产业化发展现状

（一）技术进步显著

1. 疫病防控技术突破

随着生物技术的日新月异，疫病防控领域迎来了前所未有的技术革新。疫病快速诊断技术的出现，使得兽医能在极短时间内准确识别病原体，从而迅速采取有效的防控措施，大大降低了疫病的传播速度和影响范围。同时，疫苗研制也取得了重要突破，新型疫苗不仅安全性更高，而且保护效果更为显著，有效提升了动物的免疫力，减少了疫病暴发的风险。此外，新型治疗手段如基因编辑技术、靶向药物等也逐步应用于疫病治疗中，为疫病的控制和消除提供了更多选择。这些生物技术的进步共同构成了畜牧业疫病防控的坚实屏障，为畜牧业的健康可持续发展提供了有力保障。

2. 饲养管理智能化

信息化和智能化技术的深入应用，给畜牧业饲养管理带来了革命性的变化。借助这些技术，智能化饲喂系统得以广泛实施，该系统能够根据动物的需求，自动调整饲料的投放量和营养成分，确保动物获得均衡且适量的食物，从而显著提高了饲料的利用率和动物的生产性能。同时，环境监控系统通过实时监测和调控养殖环境的温度、湿度、空气质量等关键参数，为动物创造了舒适且健康的生长环境，有效减少了疾病的发生，并提升了动物的生存质量和福利。这些技术的应用，不仅使饲养管理更加精准高效，还极大地提升了畜牧业的整体生产效率和经济效益，为畜牧业的现代化转型奠定了坚实的基础。

3. 繁殖技术优化

人工授精和胚胎移植等现代繁殖技术的持续优化与应用，对畜牧业的良种繁育起到了积极的推动作用。通过这些技术，可以更加精准地选择和利用优秀遗传资源，从而提高良种覆盖率，使更多优质基因得以传承。同时，这些技术还能够跨越地理和时间的限制，实现遗传资源的优化配置和高效利用。此外，随着技术的不断发展，人工授精和胚胎移植的成功率也在不断提高，为畜牧业的可持续发展提供了有力支持。总的来说，这些繁殖技术的不断优化不仅加速了畜群的遗传改良进程，提高了畜牧业的整体生产水平，还为畜牧业的未来发展奠定了坚实的基础。

（二）产业链日趋完善

1. 上游原料供应稳定

兽药、疫苗和饲料作为畜牧业的上游原料，其生产供应体系的完善对于畜牧兽医技术产业化具有至关重要的作用。随着科技的进步和工业化水平的提高，这些原料的生产工艺不断得到优化，产品质量和安全性也得到了显著提升。兽药和疫苗的生产更加规范，能够有效预防和治疗动物疾病，保障畜牧业的健康发展。同时，饲料的种类和营养配方也日益丰富，能够满足不同生长阶段和品种的动物需求。这些上游原料生产供应体系的日益完善，不仅为畜牧兽医技术产业化提供了坚实的物质基础，还为畜牧业的稳定发展和产品质量提升提供了有力保障。

2. 中游服务能力提升

畜牧兽医技术服务机构，如动物医院和疫病诊断中心等，在畜牧业中扮演着举足轻重的角色。这些机构近年来在设备更新、人才引进以及技术培训等方面不断加大投入，显著提升了其服务能力。它们能够为养殖户提供从疫病预防、诊断到治疗的全方位技术支持，确保动物健康，进而保障畜牧产品的安全与品质。此外，这些服务机构还通过定期举办技术交流会、培训班等活动，积极向养殖户传授先进的饲养管理技术和疫病防控知识，帮助他们提高养殖效益，降低经营风险。这种专业化、全方位的技术支持，对于推动畜牧业的持续健康发展具有重要意义。

3. 下游产品加工多元化

随着消费市场的不断升级，畜产品加工业正逐步向深加工、高附加值的方向发展。传统的初级加工方式已无法满足消费者日益多样化的需求，因此，加工业开始注重产品的精细化、个性化和高附加值化。通过引进先进的加工技术和设备，对畜产品进行精细化分割、深加工处理以及综合利用，不仅显著提高了产品的附加值，还丰富了产品种类，满足了消费者的不同口味和营养需求。同时，这种深加工方式还有效提升了畜产品的利用率，降低了资源浪费，为产业链的上下游企业带来了更高的经济效益。这一趋势不仅推动了畜产品加工业的转型升级，还为整个畜牧业的可持续发展注入了新的动力。

（三）市场需求持续增长

1. 消费升级驱动需求增长

随着社会经济的快速发展，居民收入水平不断提高，消费观念也随之发生深刻变化。在食品安全问题日益受到关注的背景下，消费者对畜产品的品质和安全性的要求越来越高。他们更加注重产品的来源、加工过程以及营养健康价值，倾向于选择那些优质、安全、健康的畜产品。因此，市场上对绿色、有机、无抗等高品质畜产品的需求持续增长，这也为畜牧业的发展提供了新的机遇和挑战。为了满足消费者的这种需求，畜牧业必须不断提升养殖技术和管理水平，加强产品质量控制和安全监管，确保为消费者提供放心、满意的畜产品。同时，这也需要畜牧业与消费者之间建立更加紧密的联系和沟通，增强消费者的信任感和忠诚度。

2. 畜牧业规模化发展

当前，畜牧业正朝着规模化、集约化的方向快速发展，这一趋势不仅提高了畜牧业的整体效益，同时也对畜牧兽医技术提出了更高的要求。规模化养殖需要更加高效、精准的饲养管理技术，以确保动物健康和生产性能的最大化。而集约化生产则要求畜牧兽医技术能够提供更加全面、细致的服务，以满足生产过程中的各种需求。因此，随着畜牧业规模化、集约化发展趋势的日益明显，对畜牧兽医技术的需求也越来越旺盛。这种需求的增长不仅推动了畜牧兽医技术的不断创新和发展，还加速了畜牧兽医技术的产业化进程。为了满足这种需求，畜牧兽医技术必须不断适应新的发展趋势，加强技术研发和人才培养，为畜牧业的健康发展提供有力的技术支撑。

3. 国际贸易需求拉动

随着全球化的深入推进，国内外畜产品贸易规模不断扩大，畜产品市场日益融合。在这一背景下，畜牧兽医技术标准和质量安全要求成为影响畜产品贸易的关键因素。进口国对畜产品的质量标准、兽医卫生要求以及疫病防控措施等方面提出了更高的要求，这促使出口国必须不断提升畜牧兽医技术水平，确保畜产品的质量和安全。同时，国内消费者对畜产品的品质和安全也越来越关注，对畜牧兽医技术的需求也随之增加。这种国内外市场对畜牧兽医技术的高标准和高要求,进一步拉动了畜牧兽医技术的市场需求,推动了相关技术和服务的不断创新和发展。为了适应这种市场需求,畜牧兽医行业必须加强自身建设,提高技术水平和服务质量,为国内外畜产品贸易的健康发展提供有力保障。

二、畜牧兽医技术产业化面临的主要挑战

(一)技术更新换代快

1. 新技术不断涌现

随着科技日新月异的发展,畜牧兽医领域迎来了前所未有的技术革新。新技术、新方法如雨后春笋般不断涌现,极大地丰富了畜牧兽医的技术手段和治疗方案。然而,这一快速的技术更新换代也对从业者提出了更高的挑战。为了跟上时代的步伐,畜牧兽医从业者必须具备较强的学习能力和适应能力,能够及时掌握和应用新技术、新方法。他们需要不断更新自己的知识体系,提高专业技能水平,以应对日益复杂的疫病防控和动物诊疗需求。因此,加强技术培训和继续教育显得尤为重要,只有不断提升自身素质和能力,才能在畜牧兽医技术产业化的大潮中立于不败之地。

2. 设备更新压力大

新技术的应用是推动畜牧兽医技术发展的关键,但这一过程往往伴随着设备的更新换代。随着科技的进步,新型设备不断涌现,它们在性能、效率、精确度等方面都较传统设备有着显著的提升。然而,这些先进设备的引入却需要大量的资金投入,包括购买成本、安装费用、后期维护等。对于许多企业来说,这无疑是一笔沉重的经济负担,特别是在资金流动相对紧

张的情况下。除了购买新设备的直接成本外，企业还需要考虑员工培训、设备调试、与现有生产流程的整合等附加成本。因此，设备的更新换代虽然能够提升企业的技术水平和竞争力，但同时也给企业带来了不小的经济压力和挑战。

3. 技术培训需求增加

在畜牧兽医领域，技术的发展速度日益加快，新的技术、设备和理念不断涌现。为了跟上这一步伐，确保企业和机构在竞争中保持领先地位，加强对员工的技术培训显得至关重要。通过定期的技术培训，员工可以及时了解并掌握最新的畜牧兽医技术，提高自己的专业技能水平。同时，技术培训也有助于增强团队的凝聚力和协作能力，提升企业和机构的整体技术水平。因此，企业和机构应该高度重视技术培训工作，将其纳入发展战略的重要组成部分，为员工提供持续学习和成长的机会。这样，不仅能够推动畜牧兽医技术的进步，还能为企业和机构的可持续发展注入新的动力。

（二）资金投入不足

1. 研发资金短缺

畜牧兽医技术的研发是推动畜牧业健康、可持续发展的关键环节。然而，这一过程的推进却需要大量的资金投入，包括科研人员薪酬、实验设备购置、临床试验费用等多个方面。目前，很多企业和机构在畜牧兽医技术研发方面面临着资金短缺的严峻问题。资金的匮乏不仅限制了科研实验的规模和深度，还可能导致优秀科研人才的流失，进一步削弱研发实力。此外，资金短缺还可能影响到与国内外先进科研机构的合作交流，制约技术的引进和消化吸收。因此，解决资金短缺问题，加大对畜牧兽医技术研发的投入力度，对于推动畜牧业的创新发展具有迫切的现实意义和长远的战略价值。

2. 产业化进程缓慢

资金是畜牧兽医技术产业化进程中不可或缺的要素。然而，目前很多企业和机构在资金方面存在明显的短板，这直接影响了畜牧兽医技术的产业化速度和效果。由于资金不足，许多优秀的技术成果无法从实验室走向市场，无法及时转化为现实生产力，为畜牧业的发展贡献力量。这些技术成果可能具有极高的应用价值和市场前景，但缺乏足够的资金支持，它们只能停留在纸面或实验阶段，无法为社会带来实际的经济效益和社会效益。因此，要推动畜牧兽医技术的产业化进程，必须加大资金投入力度，建立多元化的融资渠道和投资机制，吸引更多的社会资本进入该领域，为优秀技术成果的转化和应用提供有力的资金保障。

3. 融资难度大

畜牧兽医技术产业化项目涉及的技术研发、市场推广和产业化运营等多个环节都存在着较高的风险。这些风险包括但不限于技术失败、市场接受度低、政策变化等，使得项目的成功并不总是能够得到保证。因此，对于许多社会资本来说，投资于畜牧兽医技术产业化项目需要承担较大的风险，这自然增加了他们的谨慎态度，导致融资难度相应增大。此外，由于畜牧兽医技术领域的专业性和特殊性，社会资本往往对其了解不足，缺乏必要的评估和判断能力，这也进一步影响了他们的投资意愿。为了解决这一问题，需要建立更加完善的风险评估和分担机制，提供更多的投资信息和指导，以降低社会资本的投资风险，吸引更多的资金流入畜牧兽医技术产业化领域。

（三）人才短缺问题

1. 高端人才匮乏

畜牧兽医领域的高端人才是推动产业创新和发展的关键力量。然而，当前这一领域的高端人才相对匮乏，无法满足快速发展的产业需求。这种人才短缺现象主要体现在具备深厚理论知识、丰富实践经验和创新能力的高端人才供不应求。由于畜牧兽医技术的复杂性和专业性，培养一名合格的高端人才需要长时间的系统学习和实践积累。同时，随着新技术和新方法的不断涌现，高端人才还需要具备持续学习和创新的能力。因此，为了解决畜牧兽医领域高端人才匮乏的问题，需要加大对人才培养的投入力度，建立完善的人才培养体系，提高人才培养的质量和效率。此外，还需要通过优化人才发展环境、提高人才待遇等措施，吸引和留住更多的高端人才，为畜牧兽医产业的可持续发展提供有力的人才保障。

2. 教育培训体系不完善

目前，畜牧兽医领域的教育培训体系存在一些问题，无法满足行业对合格人才的需求。首先，教育培训资源分布不均，一些地区和学校缺乏先进的教学设备和优秀的师资力量，导致教育培训质量不高。其次，教育培训内容与实际需求脱节，过于注重理论知识传授而忽视实践技能培养，使得毕业生难以快速适应工作岗位。最后，教育培训体系缺乏与行业企业的紧密合作，无法及时了解行业最新动态和技术发展趋势，导致人才培养滞后于市场需求。因此，为了完善畜牧兽医领域的教育培训体系，需要加大资源投入，优化资源配置，更新教育培训内容，加强实践技能培养，并与行业企业建立紧密合作关系，共同推动人才培养质量的提升。这样才能培养出足够数量的合格人才，满足畜牧兽医领域的发展需求。

3. 人才流失严重

畜牧兽医领域的人才流失现象日益严重，这主要是由于工作环境和待遇等多方面原因共同造成的。首先，畜牧兽医行业的工作环境相对较为艰苦，需要长时间在户外或实验室工作，面临较大的工作压力和风险。其次，畜牧兽医行业的薪酬待遇相对较低，与其他一些行业相比缺乏竞争力，难以吸引和留住优秀人才。此外，一些畜牧兽医企业和机构在人才培养、职业发展等方面缺乏完善的规划和机制，也导致了人才的流失。为了缓解人才流失问题，畜牧兽医行业需要改善工作环境，提高薪酬待遇，加强人才培养和职业发展规划，建立激励机制，吸引和留住更多的优秀人才。同时，也需要加强行业宣传和推广，提高社会对畜牧兽医行业的认知度和认可度，增强人才的归属感和荣誉感。

（四）政策与市场风险

1. 政策变化带来的不确定性

政策的变化是畜牧兽医技术产业化过程中一个不可忽视的因素。政策的调整或改革往往伴随着行业规范、资金扶持、市场准入等方面的变动，这些变动都可能给畜牧兽医技术产业化带来不确定性。对于企业来说，这种不确定性可能意味着原本的投资计划、市场策略或研发方向需要作出相应调整，以适应新的政策环境。这不仅增加了企业的运营成本和决策难度，也可能影响到企业的整体发展规划和战略布局。因此，企业在推进畜牧兽医技术产业化的过程中，必须密切关注政策动态，及时调整自身策略，以最大限度地降低政策风险，确保企业的稳健发展。同时，政府部门也应在制订和调整相关政策时，充分考虑到行业的实际情况和企业的合理诉求，为畜牧兽医技术产业化创造一个稳定、可预期的政策环境。

2. 市场竞争加剧

随着畜牧兽医技术产业的持续进步和繁荣，市场竞争的激烈程度也在不断升级。越来越多的企业涌入这个行业，希望通过技术创新、产品优化和服务提升来抢占市场份额。然而，这种竞争态势也给企业带来了巨大的压力。为了在竞争中脱颖而出，企业需要不断加大研发投入，引进和培育高端人才，提升技术水平和创新能力。同时，企业还需要关注市场动态，及时调整产品结构和市场策略，以满足消费者不断变化的需求。此外，企业还需要在质量管理、品牌建设、营销推广等方面下功夫，提升综合竞争力。可以说，市场竞争的加剧既给企业带来了挑战，也为企业提供了转型升级和跨越发展的机遇。

三、未来发展趋势与建议

（一）加强科技创新与研发

1. 加大研发投入力度

政府和企业作为畜牧兽医技术发展的两大支柱，应共同肩负起增加对畜牧兽医技术研发资金投入的责任，以支持创新项目的顺利开展。政府可以通过设立专项基金、加大财政拨款力度等方式，为畜牧兽医技术研发提供稳定的资金支持。同时，企业也应积极投入自有资金，或通过与社会资本合作、引入风险投资等多元化投融资方式，共同推动畜牧兽医技术的创新与发展。只有政府和企业携手合作，形成强大的资金合力，才能确保畜牧兽医技术研发工作的持续进行，为产业的升级转型和可持续发展提供源源不断的动力。这种资金投入的增加，不仅是对科技创新的实质性支持，更是对畜牧兽医行业未来发展的坚定信心和承诺。

2. 建立产学研合作机制

为了推动畜牧兽医技术的持续创新与发展，必须深化高校、科研机构与企业之间的合作关系，构建一个产学研紧密结合的创新体系。高校和科研机构作为知识和技术的源头，拥有丰富的研发资源和人才储备，能够为畜牧兽医技术的创新提供强大的智力支持。而企业则更贴近市场，对技术需求和应用场景有着深刻的理解，能够为技术研发提供明确的方向和目标。因此，通过推动高校、科研机构与企业之间的紧密合作，可以实现资源共享、优势互补，共同推动畜牧兽医技术的研发与产业化进程。这种产学研一体化的创新体系，不仅能够提高技术研发的效率和质量，还能够促进科技成果的转化和应用，为畜牧兽医行业的可持续发展注入新的活力。

3. 鼓励技术引进与消化吸收

在全球化的大背景下，积极引进国外先进技术对于畜牧兽医行业的发展至关重要。通过引进先进的技术和设备，能够迅速提升国内畜牧兽医的生产效率和服务质量。然而，仅仅引进技术并不足够，还需要加强对这些技术的消化和吸收，确保它们能够在国内得到广泛的应用和推广。更重要的是，在消化和吸收的基础上，要进行再创新，结合国内的实际情况和需求，对引进的技术进行改进和优化，从而使其更好地适应国内市场，提升国内畜牧兽医技术的整体水平。这样的做法不仅能够加速技术的进步，还能够在国际竞争中展现创新的实力，推动畜牧兽医行业向更高水平发展。

（二）优化资金配置与投融资机制

1.完善资金扶持政策

政府在推动畜牧兽医技术产业化进程中，应发挥积极的引导作用。针对当前畜牧兽医技术产业化面临的资金瓶颈，政府需要出台一系列具有针对性的资金扶持政策。这些政策可以包括财政补贴、贷款优惠、税收减免等多种形式，旨在降低企业在融资过程中的难度和成本。通过财政补贴，政府可以直接为企业提供资金支持，减轻其研发和市场推广的经济压力。贷款优惠则可以帮助企业以更低的利率获得银行贷款，降低其融资成本。而税收减免则可以增加企业的可支配收入，鼓励其将更多资金投入到畜牧兽医技术产业化中。这些政策的实施，将有效促进畜牧兽医技术产业化的健康发展，提升整个行业的创新能力和竞争力。

2.建立多元化投融资渠道

为了推动畜牧兽医技术产业化进程，政府和社会各界应共同努力，鼓励更多的社会资本进入该领域。通过建立包括风险投资、股权融资等在内的多元化投融资渠道，可以吸引更多的投资者参与进来，为畜牧兽医技术产业化提供稳定的资金支持。风险投资作为一种重要的投融资方式，可以为初创期和成长期的畜牧兽医技术企业提供必要的资金支持，帮助其快速成长。而股权融资则可以通过引入战略投资者或合作伙伴，为企业带来更多的资源和市场机会。这些多元化投融资渠道的建立，将有效缓解畜牧兽医技术产业化过程中的资金压力，推动整个行业的持续健康发展。同时，政府和社会各界还应加强对投融资环境的监管和优化，降低投资风险，提高投资回报，进一步吸引社会资本的积极参与。

3. 加强资金监管与评估

在畜牧兽医技术产业化过程中，资金的使用和管理至关重要。为了确保每一笔资金都能得到有效利用，并保障资金的安全性，必须建立完善的资金监管和评估机制。这一机制应涵盖资金的筹集、分配、使用和监督等各个环节，确保每一环节都有明确的规范和操作流程。同时，要引入专业的第三方机构对资金的使用情况进行定期评估，确保资金能够按照既定的目标和计划进行投入，并取得预期的效果。通过这样的监管和评估机制，不仅可以提高资金的使用效率，还能够及时发现和纠正资金使用过程中可能出现的问题，确保资金的安全性和合规性。这对于畜牧兽医技术产业化的长期稳定发展具有重要意义。

（三）强化政策引导与激励

1. 制订产业发展规划

畜牧兽医技术产业化是一个复杂而系统的过程，需要政府发挥主导作用，制订长期规划以明确发展目标和方向。这样的规划应该充分考虑国内外市场需求、行业发展趋势、技术创新能力以及资源环境约束等因素，确保产业化发展符合国家战略和市场需求。通过制订长期规划，政府可以引导企业和研究机构围绕核心技术和关键领域进行持续投入和创新，形成产学研用紧密结合的创新体系。同时，规划还应明确产业发展的时间表和路线图，包括技术研发、产业化示范、市场推广等各个阶段的目标和任务。这将有助于凝聚各方共识，形成合力，推动畜牧兽医技术产业化健康有序发展。在实施过程中，政府还应加强监督和评估，及时调整规划内容和实施策略，确保产业发展始终沿着正确的轨道前进。

2. 实施税收优惠政策

为了促进畜牧兽医技术的研发与产业化进程，政府应当对从事该领域的企业给予一定的税收减免等优惠政策。这些政策的实施，旨在降低企业的运营成本，提高其经济效益和市场竞争力。具体而言，政府可以通过减免企业所得税、增值税等税种，减轻企业的税收负担，增加其可支配资金，从而鼓励企业加大在畜牧兽医技术研发和产业化方面的投入。此外，政府还可以设立专项补贴资金，对在畜牧兽医技术研发和产业化方面做出突出贡献的企业进行奖励和扶持。通过这些优惠政策的落实，可以有效激发企业的创新活力和市场潜力，推动畜牧兽医技术的不断创新和产业升级，为畜牧业的可持续发展提供有力支撑。同时，政府还应加强对政策执行情况的监督和评估，确保政策能够真正落到实处，惠及广大畜牧兽医企业。

3. 加强知识产权保护

知识产权保护是推动科技创新和产业发展的重要保障。在畜牧兽医领域，完善知识产权保护制度尤为关键。政府应加大对知识产权的保护力度，建立健全的知识产权法律法规体系，为畜牧兽医技术的创新提供坚实的法律支撑。同时，还应简化专利申请流程，降低申请成本，鼓励企业和个人积极申请专利，保护自己的创新成果。通过完善知识产权保护制度，可以有效激发企业和个人的创新热情，促进畜牧兽医技术的不断涌现和进步。此外，政府还应加大知识产权的监管和执法力度，严厉打击侵权行为，维护良好的市场秩序和公平竞争环境。

（四）加强行业自律与规范

1. 建立行业协会组织

为了推动畜牧兽医技术产业化的规范发展，应成立相关的行业协会组织。这些协会组织将成为行业内的重要力量，通过制订行业准则、规范企业行为、加强行业自律和管理，推动整个行业朝着更加健康、有序的方向发展。行业协会组织可以积极发挥桥梁和纽带作用，促进企业之间的交流与合作，共同推动技术创新和产业升级。同时，它们还可以提供政策咨询、市场调研、人才培训等服务，帮助企业解决在产业化过程中遇到的各种问题和挑战。通过行业协会组织的引导和监督，畜牧兽医技术产业化将更加规范、高效，为畜牧业的可持续发展提供有力保障。

2. 制订行业标准与规范

在畜牧兽医技术产业化进程中，制订并推广行业标准和规范显得尤为重要。这些标准和规范不仅是行业发展的基石，更是提升行业整体水平的关键。通过明确技术要求、操作流程、质量控制等方面的标准，可以确保畜牧兽医技术在产业化过程中达到一定的水准，从而提高产品和服务的质量。推广这些标准和规范，则有助于统一行业内的认知和行动，促进技术交流与合作，避免低水平重复建设。政府、行业协会以及企业应共同努力，制订符合国际先进水平的畜牧兽医技术产业化标准和规范，并通过培训、示范、认证等方式加以推广。这将有助于提升整个行业的竞争力和影响力，推动畜牧兽医技术产业化迈向更高水平。

3. 加强行业监管与执法

畜牧兽医技术产业化领域的健康发展离不开政府相关部门的强有力监管。为了确保市场秩序和公平竞争，政府应加大对这一领域的监管和执法力度。通过建立健全的监管体系，加强对企业行为的监督和检查，政府可以及时发现并纠正违法违规行为，保障市场的正常运行。同时，严厉打击制假售假、侵犯知识产权等违法行为，维护公平竞争的市场环境。此外，政府还应加强对畜牧兽医技术产业化相关标准和规范的宣传和培训，提高企业和从业者的法律意识和自律能力。通过这些措施的实施，可以有效促进畜牧兽医技术产业化领域的规范发展，为行业的长远繁荣奠定坚实基础。

第四章

技术创新与产业化互动

第一节　技术创新路径与方法

一、畜牧兽医领域出现的技术创新分析

（一）品种改良技术分析

1. 遗传育种技术的进步

随着生物技术的迅猛发展，遗传育种技术在畜牧兽医领域的应用已经展现出广阔的前景和潜力。这些先进的技术手段，如基因编辑和遗传标记辅助选择，为动物品种的定向改良和优化提供了强大的工具，从而使我们可以更加精准地调控动物的遗传特性，进而实现对其生长性能、抗病能力和肉质品质等关键性状的显著提升。这种定向改良的能力不仅大大提高了育种效率，还使得能够应对更加复杂和多样的育种挑战。与此同时，遗传标记辅助选择技术也为提供了强大的支持。通过利用与目标性状紧密连锁的遗传标记，可以在早期阶段就对动物的遗传潜力进行准确评估。这不仅有助于筛选出具有优良基因的个体进行繁育，还可以显著降低育种过程中的盲目性和风险。这些

技术的应用不仅为畜牧业的可持续发展提供了有力支持，还为解决一系列长期困扰畜牧业的难题提供了新的思路。例如，通过基因编辑技术，可以培育出抗病性更强、生长速度更快、肉质更好的新品种，从而满足消费者对高品质畜产品的需求。同时，这些技术还有助于减少畜牧业对环境的负面影响，提高资源利用效率，推动畜牧业的绿色和可持续发展。

2. 良种繁育体系的建立

良种繁育体系在畜牧业中占据着举足轻重的地位，是品种改良不可或缺的重要基石。这一体系的建立和完善，对于优良基因的保存、传递和扩散起着至关重要的作用。通过精心选育和科学管理，可以确保那些具有优异生产性能、良好适应性和高度抗病力的基因得以在畜群中广泛传播，从而稳步提升整个畜群的遗传水平。良种繁育体系不仅关注个体的选育，更强调整体遗传进展的规划和实施。它要求从全局出发，制订科学合理的育种计划，明确育种目标和方向，确保选育工作有的放矢、高效推进。同时，这一体系还注重种源的储备和更新，通过不断引入新的优良基因和血缘，增强畜群的遗传多样性和活力，为畜牧业的持续发展提供源源不断的动力。此外，良种繁育体系在畜牧业生产中也发挥着举足轻重的作用。它为畜牧业提供了充足的种源保障，确保了生产所需的基础母畜和种公畜的数量和质量。这不仅满足了畜牧业生产对良种的基本需求，还有力地推动了畜牧业的快速发展。在良种繁育体系的支撑下，可以更加高效地利用遗传资源，提高生产效率，降低生产成本，为市场提供更加优质、安全的畜产品。

3. 品种资源保护与利用

品种资源作为畜牧业历经千百年自然选择与人工选育的结晶，蕴藏着无尽的遗传变异与适应潜力，是畜牧业发展不可或缺的宝贵财富。在日新月异的科技背景下，品种改良虽然带来了产量的显著提升和性状的优化，但同时也对品种资源的多样性构成了威胁。因此，在品种改良的征途中，必须高度重视品种资源的保护与利用。地方品种和濒危品种等遗传资源，是生物多样性的重要组成部分。它们携带着独特的遗传信息和性状特征，对于应对未来环境变化、疾病挑战以及满足多元化的市场需求具有重要意义。通过系统地收集、整理和保存这些遗传资源，不仅可以保护生物多样性，防止遗传资源的流失和灭绝，还可以为畜牧业的可持续发展构建坚实的基因库基础。更为重要的是，品种资源的保护与利用应相辅相成。在妥善保存遗传资源的同时，还需积极挖掘和利用这些资源中蕴藏的优良特性。通过深入研究和分析，可以发现许多地方品种和濒危品种在适应性、抗病性、肉质风味等方面具有独特的优势。这些优势特性是新品种培育的宝贵素材，可以为新品种的创制提供有力的遗传支撑。

（二）动物疾病诊疗及防治技术分析

1. 疫病诊断技术的创新

随着科技的飞速进步，分子生物学、免疫学等领域的技术日新月异，为疫病诊断带来了革命性的变革。传统的疫病诊断方法往往受限于时间、准确性和灵敏度，难以满足现代畜牧业对疫病防控的严格要求。然而，随着 PCR 技术、酶联免疫吸附试验（ELISA）等先进方法的出现和应用，这些局限性得到了根本性的突破。PCR 技术以其高特异性和灵敏度，能够在极短的时间内将微量的病原 DNA 或 RNA 扩增至可检测的水平，为疫病的早期诊断提供了有力手段。它不仅大幅缩短了检测时间，还提高了诊断的准确性，使得能够在疫病暴发初期就迅速

做出反应，有效控制疫情的蔓延。同样，酶联免疫吸附试验
（ELISA）也以其高效、准确的特性在疫病诊断中占据了一席之
地。该方法通过酶与抗体的特异结合，能够定量检测样本中的
抗原或抗体，为疫病的监测和防控提供了重要依据。与PCR技
术相比，ELISA方法操作简便，适用于大规模样本的筛查，为
畜牧业的疫病防控工作带来了极大的便利。这些先进技术的应
用，不仅使得疫病诊断更加快速、准确和灵敏，更为疫病的早
期发现、及时防控提供了有力支持。它们帮助能够在第一时间
发现疫情，迅速采取有效措施，将损失降到最低。在未来，随
着科技的不断发展，有理由相信，疫病诊断技术还将继续创新，
为畜牧业的健康发展提供更加强有力的保障。

2. 疫病防治策略的转变

传统的疫病防治策略在过去很长一段时间内都是以治疗为
主，即在动物发病后进行相应的治疗和处理。然而，随着社会
的进步和人们对动物健康及食品安全问题的日益关注，这种策
略已经难以满足当下的需求。因此，疫病防治的重点逐渐从治
疗转向了预防，强调在疫病发生之前就采取积极措施，降低其
发生与传播的风险。为了实现这一目标，加强饲养管理成为关
键的一环。通过优化饲养密度、合理配制饲料、确保水源清洁
等措施，可以为动物提供一个更加健康、舒适的生长环境。这
不仅有助于提升动物的生产性能，还能显著降低其感染疫病的
概率。同时，改善饲养环境也是预防疫病的重要手段之一。应
该注重畜舍的通风换气、保持适宜的温湿度、减少噪声和应激
因素等，从而营造一个有利于动物生长、不利于病原微生物滋
生的环境。除此之外，提高动物的免疫力也是预防疫病的关键
所在。通过合理的营养搭配、添加免疫增强剂、定期进行健康
检查等措施，可以帮助动物建立起坚实的免疫屏障，有效抵御

外界病原微生物的侵袭。

3. 中兽医技术在疫病防治中的应用

中兽医技术，深深扎根于我国悠久的医学传统之中，是历经千年传承与创新的宝贵财富。它凝聚了古人对动物生理、病理的深刻洞察和独特的治疗智慧，为现代疫病防治提供了独特的视角和方法。中兽医技术的核心在于"辨证施治"，即根据动物的体质、年龄、性别以及环境等因素，结合其临床表现，进行个性化的诊断和治疗。这种治疗方法不仅针对性强，而且能够最大限度地减少药物使用，降低药物残留的风险，保障动物源性食品的安全。与此同时，中兽医技术还注重整体调理，通过中草药、针灸、拔罐等手段，调节动物的脏腑功能，提高其自身的免疫力和抗病能力。这种整体调理的思路与现代医学的"生物—心理—社会"模式不谋而合，体现了医学发展的趋势和方向。值得一提的是，中兽医技术并不是孤立存在的，它可以与现代医学技术相互借鉴、相互融合。通过中西医结合的方式，可以更加全面地了解疫病的发病机制，制订出更加科学、有效的防治方案。例如，在疫病诊断方面，现代医学的实验室检测可以为中兽医的辨证施治提供客观依据；在治疗方面，中草药的抗病毒、抗炎等作用可以与西药的抗菌、解热等作用相辅相成，共同提高治疗效果。

（三）兽药残留检测技术分析

1. 兽药残留检测方法的创新

传统的检测方法由于操作烦琐、准确性有限等问题，已经难以满足现代畜牧业对兽药残留监控的严苛要求。然而，在色谱技术、质谱技术以及免疫分析技术等先进方法的助力下，兽药残留检测迈入了一个全新的时代。色谱技术，如高效液相色谱和气相色谱，以其高分辨率和高灵敏度在兽药残留检测中发挥着举足轻重的作用。它们能够对复杂的样品基质进行精确分离和定量分析，准确检测出各种兽药残留物的存在，为评估畜产品的安全性提供了可靠的数据支持。质谱技术则是通过测量分子的质量和结构信息来进行定性和定量分析，具有极高的准确性和专属性。在兽药残留检测中，质谱技术不仅能够确认残留物的种类，还能揭示其分子结构和代谢途径，为深入研究兽药的生物效应和毒理机制提供了有力工具。免疫分析技术，如酶联免疫吸附测定和胶体金免疫层析等，以其快速、简便和易于自动化的特点在兽药残留检测中占据了一席之地。这些技术能够在短时间内处理大量样品，适用于现场快速筛查和例行监测，大大提高了兽药残留检测的效率和可及性。

2. 兽药残留限量标准的制订与执行

兽药残留限量标准在保障畜产品质量安全方面扮演着至关重要的角色。这些标准是根据科学研究和风险评估结果制订的，旨在确保畜产品中兽药残留的水平不会对消费者的健康造成潜在风险。通过明确规定各种兽药在动物体内的最大残留限量，为畜牧业生产者和监管机构提供了一个清晰的指导框架。制订严格的兽药残留限量标准只是第一步，确保其得到有效执行同样重要。这需要加大监管力度，包括对养殖场、屠宰场和加工厂的定期检查，以及对市场上畜产品的抽样检测。通过这些措施，可以及时发现和处理违规行为，确保畜产品中兽药残留的水平始终符合国家标准和国际要求。此外，对于违规使用兽药的行为，必须采取零容忍的态度。一旦发现，应依法严惩，包括罚款、吊销生产许可证等措施，以儆效尤。同时，还应加强宣传教育，增强畜牧业生产者的法律意识和责任意识，引导他们自觉遵守兽药使用规定，确保畜产品的安全和质量。兽药残留限量标准的制订和执行，不仅关乎畜产品的质量安全，更关乎消费者的健康权益。因此，必须高度重视这项工作，不断完善相关法规和标准体系，加大监管和执法力度，为消费者提供安全、健康的畜产品，保障他们的合法权益。同时，也应鼓励和支持科研机构和企业开展兽药残留检测技术的研发和创新，为提高兽药残留检测的准确性和效率提供有力支撑。

3. 兽药残留监控体系的建立与完善

兽药残留监控体系在保障畜产品质量安全中占据核心地位，它是确保消费者餐桌上食物安全的关键防线。这一体系的建立与完善，不仅要求对兽药使用进行严格监管，更要确保这种监管贯穿于畜产品的生产全过程，从源头到餐桌的每一个环节都不容有失。在兽药残留监控体系的框架下，对养殖环节的用药情况进行严密监控是首要任务。这包括对兽药种类、用量、使用时机以及停药期的明确规定和严格执行。同时，对于饲料和饮水中可能存在的药物添加也需要进行严格检测，以防止非法添加和滥用行为的发生。屠宰和加工环节的监控同样重要。在这一阶段，通过对畜体组织的抽样检测，可以及时发现和处理兽药残留超标的问题，防止不合格产品流入市场。此外，对于加工过程中可能使用的添加剂和保鲜剂也需要进行严格把关，以确保最终产品的安全性。兽药残留监控体系的完善还需要加强与国际接轨。这意味着需要参考和借鉴国际先进的兽药残留监控标准和方法，不断提高我国畜产品的检测水平和准确性。同时，积极参与国际交流与合作，加强信息沟通与共享，也是提升我国畜产品国际竞争力的重要途径。

二、新型兽医技术的应用

（一）疾病诊断

动物疫病作为畜牧养殖产业的一大难题，其频繁暴发和复杂多变的特性，严重威胁着畜牧业的健康发展。在很多地区，动物疫病的形势尤为严峻。不同于过去单一疫病的暴发，现在多种疫病时常交织在一起，共同发生。这种复杂性不仅加大了疫病的传播风险，也给疫病的诊断带来了前所未有的困难。传统的诊断方法在面对这种复杂情况时，往往显得力不从心，难以准确判断病原体的种类和感染程度。然而，随着生物技术的飞速发展，有了更多的武器来应对这一挑战。核酸分子杂交、DNA 酶切图谱分析等高端技术，以其高特异性和敏感性，在动物疫病诊断中展现出巨大的应用价值。它们能够从分子层面对病原体进行精确识别，为疫病的早期发现和快速诊断提供了有力支持。

（二）基因治疗

基因敲除技术的出现，可以说是生物学领域的一大革命。它允许研究人员以前所未有的精度，直接对生物体的遗传信息进行操作。无论是为了研究某一基因在生物体发育、生理过程中的作用，还是为了探究基因缺陷如何导致疾病的发生，基因敲除都提供了一种强有力的研究工具。在研究基因致病原因方面，基因敲除技术发挥着至关重要的作用。通过精确地敲除某个或某些基因，科学家们可以观察生物体在缺失这些基因后的表现，从而推断这些基因在正常生理条件下的功能。如果敲除某个基因后，生物体出现了特定的疾病表型，那么这个基因很可能就是导致该疾病的关键因素。这样的研究不仅有助于深入理解疾病的发病机制，也为开发新的治疗方法提供了潜在的靶点。除了研究基因致病原因，基因敲除技术在动物疾病治疗方面也展现出了巨大的潜力。通过敲除与疾病发生发展密切相关的基因，科学家们有望开发出新的基因疗法，用于治疗各种遗传性疾病和感染性疾病。例如，通过敲除某些与毒性大肠杆菌感染相关的基因，研究人员已经成功获得了对毒性大肠杆菌具有抵抗能力的动物模型。这一成果不仅为深入研究毒性大肠杆菌的感染机制提供了有力工具，也为开发新的抗病策略提供了思路。此外，在畜禽品种改良方面，基因敲除技术同样具有广阔的应用前景。传统的畜禽育种方法往往需要长时间的选育和杂交过程，而基因敲除技术则可以在短时间内实现对目标性状的定向改良，如提高畜禽的生长速度、改善肉质和产蛋性能，增强畜禽的抗病能力和适应性。

（三）抗菌多肽的研究和使用

最近几年，我国畜牧养殖产业经历了翻天覆地的变革。随着产业逐渐向着规模化和产业化方向迈进，养殖效益得到了前所未有的提升。然而，这种快速发展的背后也隐藏着一些亟待解决的问题，其中尤为突出的就是兽药使用不科学导致的药物残留问题。兽药残留不仅直接影响动物的健康，更会通过食物链传递给消费者，对人类的身心健康造成严重威胁。而抗生素作为兽药中的重要一类，其在畜牧产业中的使用不当问题尤为严重。饲养户由于缺乏科学用药的知识和意识，往往在动物出现疫病时，不经确诊就盲目使用抗生素。而且，为了追求快速的治疗效果，他们常常会选择大剂量、多种抗生素一起使用。这种不科学的用药方式不仅无法从根本上解决动物的疫病问题，反而会导致药物残留加剧，同时致病菌的耐药性也会进一步提升。长此以往，不仅会加大动物疫病的治疗难度，更会对人类健康构成巨大威胁。因为耐药菌的出现和传播，将使得许多原本可以有效治疗的感染性疾病变得难以治愈。

因此，建立安全的畜禽产品生产体系已成为当务之急。为了实现这一目标，不仅需要加强饲养户的科学用药教育，增强他们的防治意识，更需要从源头上减少抗生素等兽药的使用。这就需要加大科研力度，研发更多安全、高效、环保的新型兽药和生物技术药物。目前，一些生物技术药物如抗菌多肽已经在兽医临床上得到了推广应用。这类药物具有抗菌谱广、不易产生耐药性等优点，对于减少兽药残留、保障畜禽产品安全具有重要意义。当然，这只是迈向安全畜禽产品生产体系的一小步。未来，还需要在兽药研发、使用监管、残留检测等多个环节持续发力，共同推动我国畜牧养殖产业的健康、可持续发展。同时，政府和相关部门也应加大对畜牧养殖产业的扶持力度，通过政策引导、资金支持等方式，鼓励饲养户采用科学的养殖方式和管理模式，提高畜禽产品的质量和安全水平。只有这样，才能在享受畜牧养殖产业带来的经济效益的同时，确保广大消费者的身心健康得到切实保障。

三、畜牧兽医技术创新路径

（一）完善法律制度

1. 建立健全畜牧兽医法律法规体系

建立健全的畜牧兽医法律法规体系是保障技术创新的基础。这包括制订和完善涵盖畜牧兽医各个领域的法律法规，如动物防疫法、兽药管理法、畜牧养殖污染防治法等，以确保畜牧兽医工作有法可依。同时，还需要根据行业发展和技术创新的实际情况，及时修订和更新相关法律法规，保持其时效性和适用性。在建立健全法律法规体系的过程中，应充分借鉴国际先进经验和做法，结合我国畜牧兽医行业的实际情况，制订出既符合国际规范又具有中国特色的法律法规。此外，还应加强法律法规的宣传和普及工作，提高畜牧兽医从业人员和广大养殖户的法治意识和法律素养。

2. 加大法律实施和监督力度

法律制度的生命力在于实施。因此，加大法律实施和监督力度是确保畜牧兽医技术创新得以有效推进的关键。这包括建立健全的执法机构，配备专业的执法队伍，加强对畜牧兽医领域的执法检查力度，严厉打击违法违规行为。同时，还应建立完善的监督机制，包括行政监督、司法监督和社会监督等，确保法律法规得到有效执行。对于发现的违法违规行为，应依法进行查处并公开曝光，以儆效尤。此外，还应加强与国际社会的合作和交流，共同打击跨国违法违规行为，维护国际畜牧兽医市场的公平和秩序。

（二）建立激励机制

1. 设立畜牧兽医技术创新奖励制度

为了激发畜牧兽医工作人员的创新热情和积极性，推动畜牧业的持续健康发展，可以设立专门的技术创新奖励制度。这一制度的目的在于通过表彰和奖励在畜牧兽医技术创新方面做出杰出贡献的个人或团队，树立行业榜样，引领创新风尚。技术创新奖励制度可以设立多个层次的奖项，以全面覆盖不同领域和层次的创新成果。例如，年度创新成果奖可以表彰在过去一年内取得突出创新成果的个人或团队；优秀创新项目奖可以评选出具有创新性、实用性和推广价值的项目；创新贡献个人奖则可以授予在技术创新方面做出卓越贡献的个人。奖励形式应多样化，以满足不同获奖者的需求和期望。除了传统的奖金和荣誉证书外，还可以提供晋升机会、专业培训、国际交流等奖励形式。这些奖励不仅具有物质价值，更能提升获奖者的专业素养和社会地位，进一步增强他们的创新动力。

2. 构建畜牧兽医技术创新支持体系

除了直接的奖励制度外，构建一个全面的畜牧兽医技术创新支持体系是推动行业创新发展的关键。这一体系需要涵盖多个方面，以确保畜牧兽医技术创新能够得到全面、系统的支持。首先，提供充足的研发经费和资源是创新项目开展和实施的基础。政府、企业和社会各界应共同投入资金，设立专项经费，用于支持畜牧兽医技术的研发和创新。这些经费和资源应用于购置先进的实验设备、支付研发人员薪酬、开展实地调研等方面，确保创新项目能够顺利进行。其次，建立与高校、科研机构的合作关系是提升创新能力的重要途径。通过与高校、科研机构建立紧密的合作关系，可以共享人才、技术和设备等资源，共同开展畜牧兽医技术创新研究。这种产学研一体化的合作模式有助于加快科技创新成果的转化和应用，推动行业进步。此外，搭建技术创新交流和合作平台也是促进知识共享和经验交流的重要举措。通过定期举办学术研讨会、技术交流会等活动，为畜牧兽医工作人员提供一个互相学习、交流的平台。同时，还可以建立线上交流平台，方便工作人员随时随地进行交流和讨论，共同解决技术创新过程中遇到的问题。

（三）优化管理体系

1. 完善畜牧兽医管理机构设置与职能

优化管理体系的首要任务是完善畜牧兽医管理机构的设置，

这不仅是提升管理效率的关键，也是确保行业健康、有序发展的基石。为了实现这一目标，必须对现有的管理机构进行全面梳理和评估，精简那些不必要的附属和重叠机构，以减少管理层级和决策环节，从而提高整体的管理效率。同时，明确各级畜牧兽医管理机构的职责和权限至关重要。这要求对各机构的职能进行清晰界定，避免出现职能交叉和模糊地带，确保各级机构能够各司其职、各负其责。通过明确职责和权限，可以建立起科学、规范的管理体系，使各项管理工作能够有序、高效地进行。这不仅有助于提升畜牧兽医行业的整体管理水平，也为行业的持续健康发展提供了有力保障。

2. 强化畜牧兽医管理的协调与监督机制

在完善畜牧兽医管理机构设置的基础上，进一步强化协调与监督机制显得尤为重要。为了实现这一目标，需要建立跨部门的协调机制，打破部门间的信息壁垒，促进畜牧、兽医、环保等相关部门之间的紧密沟通与协作。这种协调机制有助于形成工作合力，共同应对畜牧业发展中遇到的各类问题，确保各项政策和措施能够得到有效执行。同时，建立健全的监督机制也是必不可少的。通过对畜牧兽医管理工作进行定期评估和监督，可以及时发现管理中存在的问题和不足，从而有针对性地采取措施进行纠正和改进。这种监督机制不仅有助于提升畜牧兽医管理的整体水平，还能够确保行业的健康有序发展。因此，强化协调与监督机制是优化畜牧兽医管理体系的重要一环，必须给予足够的重视和关注。

3. 推动畜牧兽医管理信息化建设

随着信息技术的日新月异，推动畜牧兽医管理的信息化建设已然成为行业优化管理体系、提升竞争力的核心手段。借助先进的信息化技术，可以构建畜牧兽医管理的信息平台，这一平台不仅能够实现行业内外的信息共享，还能够进行深度数据分析，为决策提供科学依据。信息平台的建立，将极大地提高畜牧兽医管理的效率，使得各项管理工作更加精准、高效。同时，信息化建设也将加大行业监管力度，通过数据监测和预警系统，及时发现和处理行业中的问题，保障畜牧业的健康发展。此外，信息化还将促进畜牧兽医技术的创新与应用，为行业带来新的发展机遇。更为重要的是，通过与国际接轨的信息化建设，可以提升畜牧兽医行业的整体竞争力，更好地融入全球经济体系，为畜牧业的可持续发展注入新的活力。

第二节　技术创新与产业化的相互促进

一、技术创新引领畜牧兽医产业升级

（一）技术创新打破传统界限

1. 新技术、新方法的不断涌现

随着科技的不断进步，畜牧兽医领域涌现出许多新技术和新方法，这些创新不仅刷新了人们对传统畜牧业的认知，更为该领域带来了前所未有的发展机遇。传统的养殖模式和方法往往受限于自然条件、技术瓶颈以及人力资源等多重因素，难以实现高效、环保和可持续的发展。然而，新技术和新方法的出现，为畜牧兽医产业打破了这些束缚。以基因编辑技术为例，它允许科学家以前所未有的精度对动物基因进行编辑，从而培育出抗病性强、生长速度快、肉质优良的新品种。这种技术不仅提高了动物的生存率和生产性能，还减少了药物使用和养殖成本，对环境和人类健康都更为友好。精准养殖技术则是另一

大亮点。借助物联网、大数据和人工智能等现代信息技术，精准养殖技术能够实现对养殖环境的实时监控和智能调控，为动物提供最佳的生长条件。这种技术不仅可以提高动物福利和生产效率，还能够减少资源浪费和环境污染。此外，智能化诊断与监测设备的应用也为畜牧兽医产业带来了革命性的变化。这些设备能够快速、准确地检测出动物体内的病原体和有害物质，为疫病防控和食品安全提供了有力保障。同时，这些设备还可以实现远程监控和数据共享，大大提高了疫病防控的效率和准确性。

2. 提高生产效率与动物福利

技术创新在畜牧兽医产业中的深入应用，不仅显著提高了生产效率，更在提升动物福利方面展现出了巨大的潜力。随着自动化与智能化设备的广泛应用，传统养殖模式中大量依赖人力的状况得到了根本性的改变。这些先进设备能够精准地控制饲养环境，自动完成投喂、清洁等工作，极大地减轻了工作人员的劳动强度，同时也降低了因人为因素导致的饲养差异，使得每一头动物都能获得更为均衡和科学的照料。更为重要的是，技术创新推动了精细化饲养管理的实现。通过对动物生长数据的实时监测和分析，养殖人员可以更加精准地掌握动物的生长状况和健康水平，从而制订出更为个性化的饲养方案。这种精细化的管理方式不仅提升了动物的生产性能，使得它们能够更快地生长、更好地产肉产奶，还有效地改善了动物的健康状况，减少了疾病的发生。此外，技术创新还注重改善养殖环境，以提升动物福利。传统的养殖环境往往存在着空间狭小、空气污浊、光照不足等问题，这些问题不仅影响动物的生长和健康，还可能导致动物出现行为异常和心理问题。然而，通过技术创新，可以为动物打造更为宽敞、舒适、自然的养殖环境，让它们能够在这样的环境中自由活动、充分表达天性。这样的养殖环境不仅有助于提升动物的生理健康水平，还能够满足它们的心理需求，真正实现动物福利的提升。

3. 突破传统养殖模式的限制

传统的养殖模式长久以来一直受到资源、环境和技术等多重因素的制约。资源的有限性，特别是土地和水资源的匮乏，往往限制了养殖规模的进一步扩大；同时，传统养殖方式对环境造成的污染和破坏也不容忽视，如动物粪便和废水的排放问题，给周边环境带来了沉重的负担；再者，技术水平的滞后也制约了养殖效率和动物健康水平的提升。然而，随着科技的不断进步和创新应用的涌现，传统养殖模式所面临的这些限制正在逐步被打破。技术创新为养殖业带来了新的发展思路和解决方案。例如，工厂化、集约化的养殖模式通过引入现代化的设施设备和管理理念，使得养殖规模得以成倍扩大，同时资源利用效率也得到了显著提高。在这种模式下，动物能够在更为舒适和健康的环境中生长，养殖周期缩短，产量和品质都得到了提升。此外，生态循环养殖理念的实践与应用也为养殖业的可持续发展开辟了新的道路。这种理念强调养殖过程中废弃物的资源化利用和环境的保护，通过构建养殖、种植、能源等多产业循环链条，实现废弃物的减量化、资源化和无害化处理。这样不仅能够减少对环境的污染和破坏，还能够将废弃物转化为有价值的资源，实现经济和环境的双重效益。

（二）技术创新推动产业升级的路径

1. 从传统到现代的转变

技术创新在畜牧兽医产业中起到了至关重要的作用，它推动了产业从传统模式向现代模式的根本性转变。这种转变不仅体现在生产效率和产品质量的提升上，更在于整个产业结构的优化和升级。通过引入先进的管理理念，畜牧兽医产业开始注重科学规划、精细化管理，强调资源的优化配置和高效利用。与此同时，技术手段的不断更新也为产业带来了革命性的变化。例如，信息化技术的应用使得养殖数据得以实时监测和分析，为决策提供了更为准确的数据支持；生物技术的应用则在疫病防控、新品种培育等方面展现出了巨大的潜力。在技术创新的推动下，畜牧兽医产业的从业人员也面临着新的挑战和机遇。为了适应现代养殖模式的需求，他们必须不断提升自身的素质和能力，掌握新的养殖技术和管理方法。这种人才结构的优化和升级，为产业的现代化进程提供了有力的人才保障。这种从传统向现代的转变，使得畜牧兽医产业能够更好地适应市场需求的变化。随着消费者对食品安全、环保等问题的日益关注，现代养殖模式能够提供更为健康、安全、环保的产品，满足市场的多元化需求。同时，技术创新也提高了产业的竞争力，使得畜牧兽医产业在激烈的国际竞争中占据了一席之地。

2. 产业链的优化与拓展

技术创新在畜牧兽医产业中扮演着不可或缺的角色，它不仅推动了产业内部的升级与变革，更在优化和拓展产业链方面展现出了巨大的潜力。通过引入先进的技术手段和管理理念，技术创新加强了上下游产业之间的衔接与合作，使得原本分散、孤立的环节得以紧密连接，形成了一个更加完整、高效的产业链。在这种模式下，畜牧兽医产业的产业链得到了有效延伸。原本仅限于养殖、屠宰、加工等初级环节的产业链，如今已经拓展到了饲料生产、兽药研发、宠物服务等多个领域，形成了更加多元化的产业结构。这种延伸不仅增加了产品的附加值，提高了产业的盈利能力，还为消费者提供了更加丰富、多样的产品选择。同时，技术创新还通过培育新兴产业，为畜牧兽医产业注入了新的活力。随着科技的不断进步和创新应用的不断涌现，一些新兴产业如生物技术、信息技术、智能装备等逐渐与畜牧兽医产业相融合，形成了新的增长点。这些新兴产业的培育和发展，不仅为畜牧兽医产业带来了新的发展机遇，还促进了相关产业的协同发展和资源共享。优化和拓展产业链的过程，实际上也是实现资源优化配置和高效利用的过程。

3. 产业结构的调整与优化

技术创新在推动畜牧兽医产业升级的过程中，确实需要更多地关注产业结构的调整与优化。这种调整与优化并非一蹴而就，而是需要一系列精心设计和实施的措施来逐步推进。首先，淘汰落后产能是优化产业结构的关键一步。传统的畜牧兽医产业中，往往存在着一些技术落后、效率低下、环境污染严重的产能。这些产能不仅无法适应现代市场的需求，还占用了大量的资源，阻碍了产业的进一步发展。因此，通过技术创新和政策引导，逐步淘汰这些落后产能，释放出被占用的资源，为新兴产业的培育和发展提供空间，是产业结构优化的必然要求。其次，优化资源配置也是提升产业竞争力的重要途径。技术创新可以帮助更加精准地掌握资源的分布和状况，从而制订出更加科学、合理的资源配置方案。通过加强上下游产业的衔接与合作，实现资源共享和优势互补，可以避免资源的浪费和重复建设，提高资源的利用效率。这种优化不仅有助于提升产业的整体效益，还可以增强产业的抗风险能力和可持续发展能力。最后，培育新兴产业是推动产业结构升级的重要力量。随着科技的不断进步和创新应用的不断涌现，一些新兴产业如生物技术、信息技术、智能装备等逐渐展现出强大的发展潜力和市场前景。通过政策扶持和技术创新，积极培育这些新兴产业，推动其与畜牧兽医产业的深度融合，可以形成新的增长点，为产业的升级和发展注入新的活力。

（三）技术创新在产业升级中的具体应用

1. 智能化养殖技术的应用与推广

智能化养殖技术是近年来技术创新在畜牧兽医产业升级中的杰出代表和重要应用之一。随着物联网、大数据、人工智能等技术的飞速发展，智能化养殖系统逐渐成了现代养殖业的标配。其中，智能化饲喂系统和环境控制系统等设备的研发与应用，更是实现了养殖过程的自动化和智能化管理，为畜牧兽医产业带来了革命性的变革。智能化饲喂系统通过精确控制饲料的投喂量、投喂时间和投喂频率，可以确保动物获得均衡、科学的营养供给。这种系统不仅可以根据动物的生长阶段、体重、健康状况等因素进行个性化投喂，还可以实时监测动物的采食情况，及时调整投喂策略，从而最大限度地提高饲料的利用率和动物的生长性能。环境控制系统则通过自动调节养殖环境的温度、湿度、光照、通风等参数，为动物创造一个舒适、健康的生长环境。这种系统可以实时监测环境参数的变化，及时做出相应的调整，确保环境参数的稳定和优化。这不仅有助于提高动物的生产性能和健康状况，还可以降低疾病的发生率和死亡率，从而减少养殖风险和经济损失。智能化养殖技术的应用，不仅显著提高了畜牧兽医产业的生产效率，还大幅降低了养殖成本。自动化和智能化的管理方式减少了人力资源的投入，降低了劳动强度，提高了工作效率。同时，精确的控制和优化也减少了饲料的浪费和环境的污染，实现了资源的节约和环境的保护。

2. 动物疫病防控技术的创新与升级

动物疫病防控技术的创新与升级，无疑是技术创新在畜牧兽医产业升级进程中的又一重要体现。面对复杂多变的疫病形势，传统的防控手段已难以满足现代畜牧业的发展需求。因此，通过科技力量推动疫病防控技术的创新与升级，成为保障畜牧业健康稳定发展的关键。在新型疫苗研发方面，科学家们利用先进的生物技术，不断探索更为安全、高效、多联多价的疫苗产品。这些新型疫苗不仅能够针对特定疫病提供长期稳定的免疫保护，还能减少免疫过程中的应激反应和副作用，为动物健康提供更好的保障。同时，生物药物的研发也为疫病治疗提供了新的选择，通过针对病原体的特异性作用，实现快速、准确的治疗效果。除了疫苗和药物的研发，快速诊断和监测技术的推广也是疫病防控体系的重要组成部分。这些技术手段能够在短时间内准确检测出病原体，及时掌握疫情动态，为防控策略的制订和调整提供科学依据。通过建立完善的疫病监测网络，可以实现对畜牧场、屠宰场等关键环节的实时监控，确保疫情的早发现、早报告、早处置。技术创新还推动了疫病防控体系和技术支持体系的完善。通过建立健全的防控法规、技术标准、应急预案等制度体系，可以确保防控工作的规范化、科学化。同时，加强技术研发、人才培养、国际合作等方面的支持，为疫病防控提供持续的创新动力和技术保障。

二、产业化需求驱动技术创新方向

（一）市场需求的变化与挑战

1. 消费者对畜产品质量与安全的日益关注

随着生活水平的提高，消费者对畜产品的质量、口感和安全性的要求也在不断升级。他们不再仅仅满足于基本的食品需求，而是开始追求更高品质、更健康、更安全的畜产品。这种变化在市场中表现得尤为明显，绿色、有机、无药残的产品受到了越来越多消费者的青睐。消费者对于养殖环境和加工过程的透明度也提出了更高的期待。他们希望了解产品的来源，关心动物在养殖过程中是否得到了良好的对待，是否使用了过多的药物和抗生素。同时，他们也关注加工过程中是否添加了不必要的化学成分，是否保持了食品的原始口感和营养价值。这种对高质量畜产品的追求，反映了消费者对健康生活的重视和对食品安全的担忧。在现代社会，食品安全问题频频曝出，消费者对食品的信任度降低，因此他们更加倾向于选择那些可以追溯来源、透明度高、品质有保证的畜产品。为了满足消费者的这些需求，畜牧兽医产业必须不断提升养殖和加工技术，加强产品质量安全管理，提高产品的透明度和可追溯性。

2. 环保与可持续发展的产业要求

面对日益严峻的全球环境问题，畜牧兽医产业亟须调整发展策略，积极响应环保与可持续发展的产业要求。这不仅是对地球生态的责任，更是对未来人类生活质量的保障。传统的养殖方式往往伴随着大量的废弃物排放和资源浪费，给环境带来了沉重的负担。因此，走向绿色、环保、可持续的发展道路已成为畜牧兽医产业的必然选择。为了实现这一目标，产业内必须采取一系列措施。首先，要减少养殖废弃物的排放，通过引入废弃物处理技术和资源化利用技术，将废弃物转化为有价值的资源，实现废弃物的减量化、无害化和资源化利用。其次，提高资源利用效率，优化养殖结构和管理方式，减少饲料和水资源的浪费，提高动物的生长性能和产品质量。最后，积极采用清洁能源，如太阳能、风能等，替代传统的化石能源，降低碳排放，减少环境污染。

3. 全球化背景下的国际竞争压力

在全球化的市场环境中，畜牧兽医产业正置身于一个前所未有的竞争舞台。随着国际贸易壁垒的逐渐消除和市场信息的日益透明，来自世界各地的优质畜产品纷纷涌入，使得市场竞争变得尤为激烈。为了在这场全球竞争中脱颖而出，畜牧兽医产业必须不断提升自身的竞争力。产品质量是竞争的核心。消费者对于畜产品的品质要求日益严格，不仅关注其营养价值、口感风味，还注重产品的安全性和健康性。因此，畜牧兽医产业需要不断优化生产流程，提高饲养管理水平和疫病防控能力，确保产品的优质安全。同时，降低成本也是提升竞争力的重要途径。通过引入先进的养殖技术和设备，提高生产效率，减少资源浪费，降低生产成本。此外，加强供应链管理，优化物流配送，也能有效降低成本，提升产品的价格竞争力。品牌影响力则是开拓国际市场的关键。一个知名的品牌不仅能够提升产品的附加值，还能增强消费者的信任度和忠诚度。

（二）技术创新响应产业化需求

1. 智能化养殖技术的研发与应用

通过引入物联网、大数据、人工智能等先进技术，畜牧兽医产业正迎来一场技术革命。这些技术的应用，使得养殖过程的自动化、智能化管理成为可能，为产业带来了前所未有的变革。物联网技术的应用，实现了养殖环境的实时监控和数据的精准采集。通过传感器等设备，可以实时监测养殖场的温度、湿度、光照等环境参数，以及动物的生长情况、健康状况等信息。这些数据为养殖管理提供了科学依据，使得养殖过程更加精准、高效。大数据技术的运用，则让这些海量数据得以充分挖掘和利用。通过对数据的分析，可以发现养殖过程中的规律和问题，为优化生产流程、提高生产效率提供有力支持。同时，大数据还能帮助预测市场趋势，指导生产决策，降低经营风险。人工智能技术的融合，更是让养殖管理迈向了智能化时代。通过机器学习、图像识别等技术，可以实现对动物的自动识别、计数、称重等功能，大大减轻了工作人员的劳动强度。智能算法还能根据动物的生长情况和环境参数，自动调整饲养方案，确保动物福利和产品质量。

2. 动物疫病防控技术的创新升级

面对当前日益复杂的动物疫病形势，迫切需要采取一系列有力措施来保障畜牧业的健康发展。其中，研发新型疫苗和生物药物等防控产品显得尤为重要。随着科学技术的不断进步，有能力针对各种新型、变异病毒研发出更加高效、安全的疫苗和药物，从而有效预防和控制疫病的传播。除了疫苗和药物，快速诊断和监测技术也是防控疫病的重要手段。通过现代化的实验室检测手段和先进的监测设备，可以迅速准确地识别出病原体，及时掌握疫情动态，为制订有效的防控策略提供科学依据。这些技术手段的推广和应用，将大大提高应对疫病的能力。然而，仅仅依靠防控产品和技术手段是不够的，还需要建立完善的疫病防控体系和技术支持体系。这包括加强基层兽医队伍建设，提高他们的专业技能和服务水平；建立完善的疫情报告和应急处理机制，确保一旦发现疫情能够迅速响应；加强与科研机构和高校的合作，引进先进的防控技术和理念，不断提升防控能力。

3. 高效环保养殖模式的探索与实践

在畜牧兽医产业中，传统的养殖模式往往伴随着高能耗、高排放等环境问题，给生态环境带来了沉重的负担。为了改变这一现状，必须积极引入节能减排技术、废弃物处理与资源化利用技术等环保措施，推动绿色、环保、可持续的养殖模式发展。节能减排技术的应用是实现绿色养殖的关键。通过改进养殖设施和设备，提高能源利用效率，减少能源消耗和碳排放。例如，采用节能型养殖设备、优化饲料配方等措施，都可以显著降低养殖过程中的能耗和温室气体排放。废弃物处理与资源化利用技术则是解决养殖污染问题的有效途径。养殖过程中产生的畜禽粪便、废水等废弃物，如果处理不当，会对环境造成严重污染。通过引入先进的废弃物处理技术和设备，将这些废弃物转化为有机肥、生物燃气等资源化利用产品，不仅可以减少环境污染，还能为农业生产提供可再生能源和有机肥料，实现废弃物的减量化、无害化和资源化利用。推动绿色、环保、可持续的养殖模式的发展，不仅可以减少环境污染，还能实现经济效益与环境效益的双赢。绿色养殖模式可以提高动物的生产性能和产品质量，降低生产成本，增强市场竞争力。同时，废弃物的资源化利用还可以为养殖户带来额外的经济收益。此外，绿色养殖模式还有助于改善农村生态环境，提升农村人居环境质量，推动乡村振兴战略的实施。

（三）技术创新推动产业化发展的未来趋势

1. 定制化畜产品与服务的市场潜力

随着社会的进步和消费者生活水平的提高，人们对畜产品的需求逐渐呈现出多样化和个性化的趋势。这一变化为畜牧兽医产业带来了新的市场机遇，定制化畜产品与服务应运而生，成为市场的新热点。定制化畜产品，即根据消费者的特定需求和偏好，通过技术创新和生产工艺的调整，为消费者提供符合其个性化要求的产品。比如，根据消费者的口味和健康需求，定制特定营养成分、风味和口感的肉制品；或者根据消费者的养殖理念和审美需求，提供定制化的宠物养殖服务等。实现产品的个性化定制，离不开先进技术的支持。通过引入大数据、人工智能等技术，可以精准分析消费者的需求和偏好，为产品研发和生产提供科学依据。同时，柔性生产技术和智能制造技术的应用，使得生产过程更加灵活高效，能够快速响应消费者的定制化需求。定制化服务的精准化提供，也是满足消费者需求的关键。通过建立完善的客户服务体系，提供一对一的咨询、设计和售后服务，确保消费者的个性化需求得到充分满足。这种精准化的服务模式，不仅能够提升消费者的满意度和忠诚度，还能为畜牧兽医产业创造更高的附加值。

2. 跨界融合与新兴技术的应用前景

畜牧兽医产业作为传统农业领域的重要分支，正面临着前所未有的变革与升级。随着科技的不断进步和创新，该产业与信息技术、生物技术、新材料等领域的深度融合已成为大势所趋，这种融合不仅将推动产业的转型升级，更将催生出全新的产业形态和商业模式。在生物技术的助力下，畜牧兽医产业有望培育出更多优质、高产、抗病力强的新品种，从而满足市场对畜产品品质和产量的双重需求。同时，生物技术的深入应用还将促进功能性产品的开发，如富含特定营养素的畜产品、具有特殊医疗价值的生物制品等，这些新产品将极大地丰富畜产品的种类和提升其附加值。信息技术的引入则将为畜牧兽医产业带来数字化管理的革命。通过物联网、大数据、人工智能等技术的应用，养殖过程中的环境监测、动物健康管理、饲料投喂等环节都可以实现智能化、自动化操作。这不仅将大幅提高生产效率，降低人力成本，还能通过精准的数据分析优化养殖方案，提升动物福利和产品质量。此外，新材料的运用对畜牧兽医产业的设施和设备升级也具有重要意义。高性能的新材料如新型塑料、复合材料等，可以显著提升养殖设施和设备的耐用性、安全性及环保性能，为动物提供更舒适、更健康的生长环境，同时也为养殖者带来更好的使用体验和经济效益。

3. 国际化合作与交流的战略意义

在全球化的浪潮下，畜牧兽医产业已不再局限于某一国家或地区，而是逐渐演变为一个全球性的产业体系。因此，加强国际合作与交流显得尤为重要，这不仅是产业创新发展的需要，更是提升国际竞争力和影响力的必由之路。通过引进国外先进技术和管理经验，畜牧兽医产业可以迅速弥补自身的短板和不足，提高生产效率和产品质量。国外先进的技术和管理模式，往往经过了长期的实践检验和不断地优化完善，具有较高的成熟度和可行性。通过引进这些先进技术和管理经验，并结合本国的实际情况进行消化吸收再创新，可以快速提升畜牧兽医产业的整体水平。参与国际标准的制订和修订，则是畜牧兽医产业融入全球体系、掌握话语权的重要途径。国际标准是衡量一个产业技术水平和产品质量的重要标尺，也是国际贸易的通行证。通过积极参与国际标准的制订和修订工作，可以推动本国的技术标准与国际接轨，提高产品的国际互认度，从而打破贸易壁垒，拓展国际市场。此外，拓展国际市场也是提升畜牧兽医产业国际竞争力的重要手段。通过参加国际展览、建立海外营销网络、开展跨国合作等方式，可以让更多的国家和地区了解到本国畜牧兽医产业的实力和优势，进而吸引更多的合作伙伴和投资者。同时，也可以借鉴其他国家和地区的成功经验和做法，推动产业的持续创新和发展。

第三节 技术创新推动产业化的案例研究

青岛市坚决贯彻"防止区域性重大动物疫情和非洲猪瘟疫情"的核心要求，以政府部门为主导，联合社会组织，创新推广策略，并不断提升兽医团队的专业素质。通过全面增强兽医技术的应用能力，青岛市成功推广并应用了50多项兽医新技术，包括健康养殖、疫病防控、消毒灭原等，覆盖了6万余户养殖场，为这些养殖户带来了高达1亿元的经济效益。这些努力不仅为青岛市畜禽"无疫"品牌的建设打下了坚实的基础，也为推动青岛市畜牧业的高品质发展作出了重要贡献。

一、背景介绍

畜牧业在我国农村经济发展中占据着举足轻重的地位，是农民增收不可或缺的渠道。为了更好地促进畜牧业的繁荣发展，大力推广先进的畜牧兽医技术成为一项迫切的任务。通过提高养殖者的专业养殖水平，不仅可以有效地降低畜禽疫病的发生率和影响程度，更能确保人民群众"舌尖上的安全"，为新农村、新农业、新农民的现代化转型发展注入强劲动力。

近年来，国家在推动畜牧业发展方面不遗余力，相继出台了一系列扶持政策，旨在为畜牧业的持续健康发展提供坚实保障。2020年，国务院办公厅在《关于促进畜牧业高质量发展的意见》中明确提出要"提升动物疫病防控能力""提升动物防疫监管服务能力"，以及"提升畜牧业信息化水平"，这些要求为畜牧业的未来发展指明了方向。习近平总书记在十九届中共中央政治局第三十三次集体学习时的重要讲话，更是强调了精准有效防疫的重要性，要求理顺基层动植物疫病防控体制机制，明确机构定位，提升专业能力，进一步夯实基层基础。在这一背景下，青岛市积极响应国家号召，不断探索畜牧兽医技术服务推广的新途径、新模式，致力于建立更加完善的服务机制。通过不懈努力，青岛市的兽医技术服务推广工作已迈上新的台阶，为乡村全面振兴和公共卫生安全底线的守护奠定了坚实基础。

二、主要做法

（一）推进兽医机构改革，稳定技术推广主力量

青岛市按照"市级牵头、区市实施、镇级落实"的清晰原则，精心构建了市级、区市、基层站三级紧密衔接的兽医技术推广服务网络。在市级层面，特别设立了独立的市动物疫病预防控制中心，同时加挂市动物卫生检疫中心、市人畜共患病流调监测中心的牌子，以强化其科研和技术推广功能。为此，还特别增加了7个编制名额，以确保中心的高效运作。市疫控中心精心规划了技术推广的"一张图"战略，详细设定了时间表、路线图和任务书，充分利用"线上＋线下"的融合模式，在青岛电视台、车载媒体、抖音短视频等新媒体平台上广泛宣传，有效扩大了技术推广的影响力。在区市层面，7个区市均保留了疫控中心的设置，并设有专门机构负责动物卫生监督工作。这些区市都设立了兽医实验室，且全部通过了农业农村部兽医系统实验室的严格考核。值得一提的是，这些区市的兽医专业技术人员占比高达80%，为区市级兽医技术推广提供了坚实的人才保障。在乡镇层面，设立了54处基层动监站，负责组织实施免疫、消毒、诊疗等关键技术的推广工作。全市范围内，共有官方兽医、村级防疫员、协管员、乡村兽医等基层技术推广人员2 700余人，他们深入田间地头，确保了技术推广的"神经末梢"畅通无阻，为乡村畜牧业的

健康发展注入了源源不断的活力。

（二）培育社会组织发展，壮大技术推广新能量

　　青岛市秉承"政府主导、企业支撑、群众需求"的工作思路，积极推动兽医社会化服务组织的全面发展。在培育组织方面，致力于形成强大的推广合力。通过积极引导中国动物卫生与流行病学中心、青岛农业大学、青岛易邦生物工程有限公司等多方力量的参与，共同为技术服务提供有力支撑。同时，成功培育了青岛中科基因生物科技有限公司等9家具备非洲猪瘟检测资质的第三方检测机构，进一步增强了兽医服务的技术实力。为了延伸服务触角，不断拓展服务内涵。以城乡同步免疫为重点工作，持续开展犬只狂犬病免疫活动，确保公共卫生安全。此外，与30家宠物诊疗机构合作，购买其免疫服务，并启动"汪汪行动"，深入社区、乡村、学校、企业、工厂以及流浪犬收养基地，开展"六进"活动，将免疫服务送到群众身边。在政策支持方面，不断加大力度，助力兽医社会化服务的常态发展。相继出台了《青岛市基层动物防疫和畜产品安全协管员管理办法》《关于全面推进动物强制免疫"先打后补"工作的通知》等5项政策文件，为养殖企业、饲料兽药生产企业、兽医专业合作社等组建技术推广服务团队提供有力鼓励和支持。全年投入资金达2 000余万元，有效激活了兽医社会化服务的活力，为畜牧业的健康发展提供了坚实保障。

（三）提升队伍整体素质，筑牢技术推广强基石

　　兽医行业的核心在于技术，而技术的普及和提升则依赖于有效的推广。推广工作的成功与否，又取决于推广人员的专业素质。因此，青岛市在兽医技术推广方面采取了一系列有力措

施。首先，积极开设兽医大课堂，以促进知识的更新和传播。通过线上线下的方式，成功举办了16期技术培训班，内容涵盖强制免疫"先打后补"、疫病净化、无疫小区创建等关键技术。这些培训班将最新的兽医技术送到了技术推广员手中，累计培训人数达到了10 068人。通过培训，打造了一支既会养殖、又能看病，还懂技术的新型兽医技术推广队伍。其次，注重岗位练兵，以提升推广人员的技能水平。全市1 800余名专业技术人员接受了"一对一、面对面"的实地指导，开展了技能比武活动。这种以赛促训的方式，不仅激发了大家的学习热情，还选拔出了一批优秀的兽医技术推广员参加省级畜牧兽医技能大赛。通过这种方式，成功打造了一支知识型、技能型兽医技术推广队伍。最后，强化了监督考核，以促进规范服务。围绕推广数量、服务范围、应用质量等方面开展督查和推进工作，建立了月抽查、季巡查、年评查的督查模式。同时，还采用了"上级考核下级、养殖场户评判技术人员"的方式，健全完善了技术推广的配套机制。这些措施的实施，有效地提升了兽医技术推广工作的质量和效率。

（四）顺应行业形势变化，确保技术推广全覆盖

兽医技术推广是将兽医科技成果转化为现实生产力的重要桥梁，对于推动畜牧业高质量发展具有不可替代的作用。根据不同的情况和需求，有针对性地开展技术推广工作。

1. 根据政策调整进行推广

以新版动物防疫法的更新内容为重点，围绕诊疗、净化和无害化处理等核心内容，积极组织专题培训班，并打造"科普宣传"大篷车，深入农村大集、猪舍牛棚等一线场所，进行多层次、全方位、多角度的科普宣传，确保广大养殖户和群众能

够及时了解和掌握最新的防疫知识和技术。

2. 根据职能拓展进行推广

在新增动物检疫职能后，市疫控中心迅速行动，梳理了最新的动物检疫法律法规和技术规程30余项，汇编成册并及时向全市动物卫生监督机构发放了500余册，有效提升了全市动物检疫队伍的业务水平和工作能力。

3. 根据疫病流行情况进行推广

针对今年以来多地出现的炭疽病例以及青岛市牛羊布病等重点人畜共患病畜禽感染率的反弹情况，及时向屠宰场、毛皮加工厂等高危场所的人群开展精准防控技术推广。通过"线上＋线下"相结合的方式，累计培训了3万余人次，并发放了8万余份炭疽、布病告知书，严防疫情的发生和扩散。

4. 根据舆情形势进行推广

针对灾害性天气频发和新冠肺炎疫情的严峻形势，第一时间发布了相关的技术指南和处置办法，指导疫情隐患的排查和预防控制工作，并加强了各环节的生物安全防护措施。这些努力为确保畜牧业的健康稳定发展提供了有力的技术支撑。

（五）打造精准帮扶模式，创新技术推广准路径

为了确保兽医技术推广应用能够真正落地见效，聚焦靶向发力，积极探索并实践了多种推广模式。首先，依托"网格＋"模式，根据畜禽养殖规模，精心划分了442个畜牧业监管网格，并按照每10个行政村配备1名兽医技术推广员的比例进行核定配备。这种模式的实施，使得各镇（街道）能够根据工作实际需要合理调剂分配技术推广员，科学划定服务区域范围，有效消除了技术推广工作的"盲区"和"真空"。其次，打造了"联盟＋"模式，通过组建青岛市结核病净化技术联盟、青岛市种

畜禽场净化技术联盟等 13 个平台，成功为 100 余名行业专家、1 000 余名基层推广员以及 5 000 余个养殖场户搭建起了沟通的桥梁。这一模式的实施，极大地推进了技术推广工作进入"快车道"，实现了快速、高效的技术推广。此外，还开启了"包保+"模式，通过成立净化工作专班和包保组，探索并形成了"一级一人、一人一场、一场一策"的推广模式。目前，已经建立了 50 余支包保团队，全面覆盖了全市的养殖大镇，为养殖户提供了更加精准、个性化的技术推广服务。最后，激活了"特派员 +"模式，通过组建省级牛产业体系科技服务团，对 35 个养牛场进行了全链条的技术推广服务。这种"手拉手结对，点对点指导"的机制，使得技术推广工作更加贴近实际、更加有针对性。同时，还在"乡村振兴科技特派员在行动"栏目中积极推广青岛市牛产业体系科技服务团的服务经验，进一步扩大了技术推广的影响力。

三、发展成效

（一）兽医技术推广的基础更加牢固

近三年共有 15 名专业技术人员在省级竞赛获奖，其中 2 人获一等奖、6 人获二等奖、5 人获三等奖，化验员竞赛第一名获"山东省技术能手""山东省五一劳动奖章"，进一步激发比技术、创一流热情，显著提升了技术推广队伍综合素质，树立行业良好形象。《种猪场防疫空气过滤器应用技术方案》获 2022年山东省乡村振兴创新创优竞赛生猪健康养殖技术创新方案 PK赛二等奖。成功牵头申报市科技局科技惠民重点项目《家禽超级细菌智能化流行病监测与抗菌药噬菌体联用技术集成与示范推广》，补助资金 100 万元，围绕青岛市家禽养殖场疫病防控和净化展开研究，为青岛市重大动物疫病防控提供技术支撑。针对奶牛最怕的顽疾乳房炎，申请《一种治疗奶牛乳房的组合物制备方法及其应用》《一种防治干乳期奶牛乳房炎的组合物制备方法及其应用利用奶牛生产性能测定技术》2 项专利，初步应用在养殖场户中，奶牛乳房炎的发病率下降 30%，本胎次奶牛减少 3 000 ～ 5 000 元的。

（二）兽医技术推广的覆盖更加广泛

为了全面推进强制免疫"先打后补"政策在全国范围内的实施，广大兽医技术推广员们积极行动，采取了一系列有效措施，确保政策能够真正落地生根。针对养殖场户面临的"没地儿免""没人免""不知道怎么领取补贴"等难题，兽医技术推广员们深化直播培训，大力推介疫苗知识，同时搭建起实时答疑平台，随时随地为养殖户解答疑惑。此外，他们还积极增设疫苗经营网点，方便养殖场户购买疫苗，并通过政府兜底免疫等措施，确保所有养殖场户都能享受到政策红利。这些努力取得了显著成效。截至目前，2021 年青岛市共有 6 409 个养殖场户参与到"先打后补"政策中来，同比增长高达 25 倍。这一数字的背后，是广大兽医技术推广员们无数次地耐心讲解和细心指导。在世界兽医日、世界狂犬病日等行业节日到来之际，他们还特别开启了"科普宣传大篷车"活动。兽医技术推广员们带领着宣传队伍深入农村大集、田间地头，向广大群众普及兽医新技术和动物防疫知识。活动期间，累计发放了 60 万份明白纸、宣传册等资料，推广了 25 项兽医新技术，受益群众多达 15 万余人次。通过这些措施的实施，不仅有效推动了"先打后补"政策的全面落地，还大大提高了广大养殖场户和群众对动物防疫工作的认识和重视程度，为畜牧业的健康发展奠定了坚实基础。

（三）兽医技术推广的成效更加突出

青岛市积极推进牛羊布病、牛结核病以及种畜禽场主要疫病的净化创建工作，取得了显著成效。自 2018 年至今，全市已成功创建了 3 家国家级非洲猪瘟无疫小区，20 家省级牛羊布病净化场，3 家省级牛羊布病净化创建场，16 家省级牛结核病净化创建场，以及 16 家省级种畜禽场疫病净化创建场。此外，胶州市、西海岸新区和崂山区也成功创建了省级布病净化县。这些成就使得青岛市在动物疫病场群和区域净化创建方面均走在全省前列，荣获了山东省畜牧兽医局颁发的布病净化工作突出单位一等奖，其动物疫病净化工作也多次受到山东省畜牧兽医局的通报表扬。为了解决农村犬只免疫难的问题，青岛市在实现城市犬只免疫全覆盖的基础上，连续两年将犬只狂犬病免疫列入市办实事。通过探索实施"镇村摸数量＋农业农村部门包免疫＋财政部门保经费＋疫控部门评效果"的新工作模式，推进了城乡同步免疫。截至目前，年均免疫犬只数量已超过 25 万只，免疫密度达到 80% 以上，有效维持了人间零病例感染的良好态势。青岛市的狂犬病免疫工作得到了时任农业农村部副部长和省畜牧兽医局局长的肯定性批示。这些成绩的取得，离不开青岛市各级政府和相关部门的高度重视和大力支持，也离不开广大兽医技术推广员和养殖户的共同努力和配合。未来，青岛市将继续加强动物疫病防控工作，为保障畜牧业的健康发展和人民群众的身体健康做出更大的贡献。

四、经验启示

（一）以群众需求为导向是兽医技术推广的核心

兽医技术推广工作绝非一日之功，更无捷径可走，唯有以真心换取养殖场户的信任与支持，方能取得实效。在推广工作中，与养殖场户的沟通交流是至关重要的一环。要深入工作一线，从实际履职中梳理出实事，关注社会热点，挖掘服务对象的需求，形成一份群众需求清单。根据这份清单，要一对一地精准定制服务内容，确保技术推广工作有的放矢。为了扩大技术推广的覆盖面，需要创新服务方式。打造"兽医技术推广"大篷车便是一个很好的尝试。在疫病高发季节和兽医相关的传统行业节日里，可以利用大篷车开展技术服务下乡活动，将先进的技术和理念直接送到养殖场户的家门口，打通技术服务的"最后一公里"。此外，联合多方力量共同推进兽医技术推广工作也是关键所在。可以积极与科研院所、高校、疾控机构以及养殖场户等建立紧密的合作关系，成立各类技术联盟。通过这些平台，可以为养殖场户提供更加系统、全面的服务，涵盖良种繁育、饲料配置、疫病检测诊断治疗等多个方面。这种全方位的技术支持，无疑将极大地提升养殖场户的生产效益和防疫能力。

（二）完备的推广网络是兽医技术服务的关键

兽医技术推广不仅是专业知识的传递，更是创新理论的实践应用。在推广过程中，应充分利用四级党组织体系，即"镇（街道）党（工）委—社区党委—网格支部—村级党小组"，发挥党员的先锋带头作用，形成有效的推广网络。借助新媒体、数字网络等现代化手段，可以极大增强技术推广的丰富性、针对性和实用性，确保技术知识能够准确、快速地传达给相关人员。同时，技能培训和继续教育是提升兽医技术推广效果的关键。通过系统的培训和教育，可以不断提高相关人员的专业素养和实践能力，为技术推广提供坚实的人才保障。此外，还需加强与科研院所、专业大学、政府机构的紧密合作，共同构建完善的兽医推广体系。在这个体系中，技术提升率、推广应用率、效益评价等指标都应纳入考核体系，以实现技术推广、服务指导、实践应用、绩效评价等多个环节的有机统一。这样，就能形成一个既有资金保障、又有科学研究支持，还具备先进推广方式的兽医推广体系，为畜牧业的健康发展提供有力支撑。

（三）净化消灭动物疫病是兽医技术推广的目标

青岛市积极响应新版动物防疫法的号召，将动物防疫方针由"预防为主"转变为"预防为主，预防与控制、净化、消灭相结合"，并以此为契机，大力推动"动物疫病净化场"的创建工作。为了促进兽医技术推广成果的转化，青岛市建立了完善的激励制度，对于成功创建布病净化县的区市，将给予高达50万元的奖补；而通过净化场验收的养殖场也能获得10万元的奖补。这一举措不仅激发了基层工作人员的积极性，更使得他们在指导净化创建成功的过程中，能够将这一成绩作为职称评聘的重要业绩，进一步提升了他们的工作动力。此外，推进动物疫病的净化工作不仅有助于提升动物疫病的防控水平，还为科研人员提供了大量宝贵的信息。科研人员可以借此机会深入探究新技术方法，实现创新思路与实践操作的深度融合。通过这种方式，技术将不断得到优化和升级，形成一个良性的循环：从理论推广到实践应用，再到改进优化，然后再次推广、实践和优化。这一循环不仅推动了动物防疫工作的不断进步，也为科研人员提供了广阔的舞台，促进了科技创新和产业升级。

第一节　市场需求的导向作用

一、畜牧兽医技术市场需求引导技术发展

（一）需求驱动创新

1.新兴疫病的挑战

在畜牧兽医技术领域，市场需求对新疫病的快速响应和解决方案的需求尤为迫切。新疫病的出现往往伴随着巨大的经济损失和社会压力，因此，市场对能够快速应对并有效防控新疫病的技术需求极为强烈。这种需求驱动着科研机构、高校和企业进行技术创新，开发出更加高效、安全和环保的防疫技术。为了满足对紧急防疫的需求和挑战，技术创新在多个方面发挥着关键作用。首先，技术创新能够迅速提供针对新疫病的诊断方法，帮助兽医快速准确地识别病原体，为防控工作提供科学依据。其次，技术创新还能够推动新疫苗和药物的研发，为动物提供及时有效的免疫保护和治疗手段。此外，技术创新还能够改善防疫设备和工艺，提高防疫工作的效率和安全性。在需

求驱动创新的过程中，产学研合作发挥着至关重要的作用。科研机构、高校和企业需要紧密合作，共同进行技术研发和推广。通过资源共享、优势互补和协同创新，可以加速新疫病的防控技术的研发和应用，为保障畜牧业的健康发展和社会稳定作出贡献。

2. 技术升级的需求

在畜牧兽医技术领域，市场需求不仅体现在新疫病的快速响应和解决方案，还体现在对现有技术的不断升级和改良上。随着畜牧业的快速发展和市场竞争的加剧，现有技术往往难以完全满足市场需求，尤其是在效率、安全性和环保方面。因此，市场需求成为推动技术持续升级和改良的重要动力。针对现有技术的不足，市场需求促使科研机构、高校和企业不断投入研发资源，对现有技术进行改进和优化。这包括提高技术的治疗效果、降低药物残留、减少环境污染等方面的努力。通过持续的技术升级和改良，可以推动畜牧兽医技术的整体水平不断提升，更好地满足市场需求。同时，市场需求还促进新技术的研发和引入。为了满足更高效、安全和环保的要求，科研机构和企业需要不断进行技术创新和突破。通过探索新的技术路径和应用领域，可以开发出更加先进、高效和环保的畜牧兽医技术。新技术的引入不仅可以提升畜牧业的整体竞争力，还可以为动物健康和环境保护做出更大的贡献。在推动技术升级和改良的过程中，产学研合作和协同创新发挥着关键作用。科研机构、高校和企业需要紧密合作，共同进行技术研发和推广。通过资源共享、优势互补和协同创新，可以加速技术的升级和改良进程，推动畜牧兽医技术领域的持续发展。

（二）市场趋势预测

1. 长期市场趋势分析

在畜牧兽医技术领域，深入研究和分析市场发展的长期趋势是至关重要的。这不仅能够帮助洞察未来市场需求的变化，还能够预测技术发展的方向，为技术研发提供长期规划和战略指导。首先，通过深入研究市场发展的长期趋势，可以发现市场需求的演变规律。随着人们生活水平的提高和食品安全意识的增强，对畜牧产品的品质和安全性要求也在不断提高。因此，市场需求将更加注重健康、环保和可持续发展。这种趋势将推动畜牧兽医技术向更高效、安全和环保的方向发展。其次，市场趋势分析还能够预测未来技术的发展方向。随着科学技术的不断进步和创新，畜牧兽医技术也将迎来更多的发展机遇。例如，基因编辑技术、大数据分析和人工智能等新兴技术将与畜牧兽医技术相结合，推动该领域的技术革新和突破。通过预测未来技术的发展方向，可以提前布局研发资源，抢占技术制高点，为畜牧业的持续发展提供有力支撑。最后，基于长期市场趋势的分析和预测，可以为技术研发提供长期规划和战略指导。这包括明确技术研发的重点领域和方向、制订合理的研发计划和时间表、优化资源配置等方面的工作。通过长期规划和战略指导，可以确保技术研发的连续性和稳定性，

2. 短期市场需求预测

在快速变化的市场环境中，密切关注市场短期内的变化和波动显得尤为重要。短期市场需求的变化往往受到多种因素的影响，如季节性疫病流行、消费者需求波动、政策调整等。因此，预测短期内的市场需求对于灵活调整技术研发策略至关重要。

（1）密切关注市场动态和趋势

为了更准确地预测短期内的市场需求，积极与行业协会、养殖企业和饲料企业等合作伙伴保持紧密沟通。这种沟通不是单向的，而是双向的、互动的。定期参加行业协会组织的会议和活动，与养殖企业和饲料企业进行深入交流，了解他们当前面临的技术难题和市场挑战。通过这些沟通，能够及时获取市场的第一手信息，了解养殖业的最新动态。这些信息包括疫病的流行情况、消费者的偏好变化、政策的调整等，都对短期市场需求产生着直接影响。同时，还利用大数据分析和市场调研等手段，对这些信息进行深入分析和挖掘。通过构建预测模型，结合历史数据和当前市场情况，能够更准确地预测短期内的市场需求。这种预测不仅帮助及时调整技术研发策略，还为制订更精准的市场策略提供了有力支持。

（2）根据短期市场需求预测，灵活调整技术研发策略

面对市场的多变性和不确定性，采取了一系列灵活的研发策略，以确保能够迅速响应市场需求。当面临紧急疫病防控需求时，迅速组织起专业的研发团队，集中力量进行应急技术研发。这些团队汇聚了兽医、生物技术、药物研发等多个领域的专家，他们夜以继日地工作，以最快的速度开发出有效的防控措施。同时，密切关注市场需求量大的技术领域，如高效疫苗、环保饲料添加剂等。在这些领域，加大了研发投入，加快了技术升级和改良的步伐。通过引入先进的研发设备和技术手段，提高了研发效率和准确性，确保能够迅速推出符合市场需求的新产品。此外，还不断优化技术方案，以提高产品的竞争力和适应性。与合作伙伴紧密合作，共同研究市场需求和技术趋势，不断调整和完善技术方案。这些努力不仅帮助满足了当前市场的紧迫需求，还为畜牧业的持续发展注入了新的活力。

（3）不断完善短期市场需求预测的方法和手段

为了提高市场预测的准确性和可靠性，始终注重市场数据的积累和分析。通过与养殖企业、饲料企业等合作伙伴的紧密合作，获取了大量宝贵的市场数据，包括疫病流行情况、市场需求变化、消费者偏好等。这些数据的积累为优化预测模型提供了有力支持。在数据分析方面，采用了先进的统计方法和机器学习算法，对市场数据进行深入挖掘和分析。通过不断调整和优化预测模型，提高了预测的准确性和可靠性，为技术研发和市场策略的制订提供了更加科学的依据。同时，也非常重视与合作伙伴的沟通和合作。通过与行业协会、养殖企业、饲料企业等合作伙伴保持紧密联系，共同应对市场变化和挑战。在面临紧急情况时，能够迅速调动资源，共同制订应对方案，确保市场的稳定供应和畜牧业的健康发展。

二、畜牧兽医技术市场需求促进技术优化和升级

（一）技术效果提升

1. 疾病预防与控制技术的提升

通过深入研发新型疫苗，能够更加针对性地预防各类动物疫病，从而显著降低疫病的发病率。这些新型疫苗不仅具有更高的安全性和有效性，还能更广泛地适用于不同种类的动物。同时，提高诊断准确性和效率也是降低动物疫病死亡率的关键。借助先进的诊断技术和方法，可以更快速地检测出病原体，准确判断病情，从而及时采取有效的治疗措施。此外，优化治疗方案同样至关重要。通过不断改进和完善治疗方案，可以更科学、更合理地使用药物和治疗方法，最大限度地减少疫病对动物健康的影响，同时降低治疗成本，提高治疗效果。这些措施

共同构成了降低动物疫病发病率和死亡率的有效手段，为畜牧业的稳定发展提供了有力保障。

2. 畜牧生产率的提高

利用先进的遗传育种技术，畜牧业迎来了前所未有的变革。通过深入研究和精准筛选，能够培育出具有优良性状的动物品种。这些品种不仅在生长速度上大大超越传统品种，更在抗病力和肉质上展现出卓越的性能。这意味着在相同的养殖周期内，能够获得更多的高质量畜产品，从而极大地提升了畜牧业的整体生产效率。与此同时，饲养管理技术的持续进步也为动物的生长提供了更好的环境和条件。现代化的养殖设施、智能化的监控系统以及精细化的饲养管理，确保了动物在生长过程中能够享受到最佳的生活环境和营养支持。这不仅有力地保障了动物的健康，更进一步激发了它们的生长潜能和繁殖性能。在这样的养殖环境下，动物能够更快地达到理想的生长状态，为畜牧业带来更高的产出。此外，科学的饲料配方技术也是提升畜牧业生产效率的关键因素之一。通过对动物不同生长阶段所需营养成分的深入研究，能够精准地配制出符合动物需求的饲料。这种定制化的饲料配方不仅避免了资源的浪费，更保证了动物能够获得全面均衡的营养供给，从而达到最佳的生长效果。这种精细化的饲养管理方式，使得每一份投入都能转化为最大的产出，为畜牧业带来了显著的经济效益。这些先进技术的综合应用，不仅极大地提升了畜产品的品质和产量，更在经济效益和市场竞争力上取得了显著的优势。随着这些技术的不断推广和普及，有理由相信，畜牧业将迎来更加繁荣和可持续的发展未来。

3. 动物福利的改善

关注动物福利，早已超越单纯的道德层面，成为现代畜牧业不可或缺的一部分。这不仅是出于对生命的尊重，更是为了提高畜产品的质量和满足日益增长的消费者需求。动物的健康和幸福感直接关系到其肉质、奶质等产品的品质，进而影响到消费者的满意度和市场的竞争力。为了实现这一目标，可以采取一系列切实可行的措施。首先，改善饲养环境是关键，确保动物生活在干净、舒适、通风良好的环境中，远离噪声和污染。其次，减少应激反应也至关重要，避免过度惊吓、长时间运输等不利因素，让动物在平静安定的状态下成长。最后，提供充足的运动空间和社交机会同样不容忽视，这有助于动物保持身体健康，满足其天性中的活动需求，同时也能促进同伴间的交流，提升它们的整体幸福指数。这些举措不仅是对动物福利的关注和提升，更是对畜牧业可持续发展和消费者利益的有力保障。

（二）成本控制与效益分析

1. 研发投入的成本控制

畜牧兽医技术的研发确实是一个资源密集型的过程，需要大量的人力、物力和财力投入。为了更加高效地利用这些资源并有效控制成本，可以采取一系列策略。首先，优化研发流程至关重要，通过去除冗余步骤、简化操作流程、引入自动化和智能化技术等手段，可以显著提高研发效率和减少浪费。其次，提高研发效率同样重要，这包括提升研发人员的专业技能、引入先进的研发设备和工具、建立科学的项目管理体系等。最后，加强团队协作也是降低成本的关键，通过促进团队成员之间的沟通与协作、建立共同的目标和愿景、营造积极向上的团队氛围等措施，可以进一步提升团队的凝聚力和整体效能。同时，政府和企业也应该在畜牧兽医技术的研发中发挥积极作用。政府可以通过设立专项基金、提供税收优惠等方式来支持畜牧兽医技术的研发工作，降低研发机构和企业的经济压力。而企业则可以加大研发投入、建立产学研合作机制、推动技术成果的转化和应用等，为畜牧兽医技术的研发提供持续的动力和支持。这些举措共同构成了促进畜牧兽医技术发展的有力保障。

2. 技术应用成本的控制

在畜牧兽医新技术的推广和应用阶段，成本控制问题确实是一个无法回避的重要议题。新技术的引入往往伴随着较高的使用门槛，其中涉及的资金和时间成本对于许多养殖户和企业而言都是一项沉重的负担。然而，面对这样的挑战，并非束手无策。通过采取一系列有针对性的措施，可以有效地降低新技术的使用门槛，让更多的养殖户和企业能够从中受益。全面而系统的培训是降低新技术使用门槛的关键所在。培训的内容应该涵盖新技术的基本原理、操作方法、注意事项以及可能遇到的问题和解决方案等。通过培训，养殖户和企业可以更加深入地了解新技术的优势和特点，掌握其使用方法和技巧，从而减少在摸索和学习过程中所花费的时间和精力。为了确保培训的效果，还可以采取多种形式，如现场演示、实操指导、在线教程等，以满足不同养殖户和企业的需求。持续的技术支持服务也是降低新技术使用门槛的重要保障。当养殖户和企业在使用过程中遇到问题时，能够及时得到专业的指导和帮助是至关重要的。因此，需要建立一支专业的技术支持团队，提供全天候的在线咨询和远程指导服务。同时，定期举办技术交流会、研讨会等活动，让养殖户和企业之间能够分享经验、交流心得，共同提高新技术的应用水平。建立合理的定价机制也是降低新技术使用门槛的重要手段。新技术的价格应该充分考虑到养殖户和企业的承受能力，既要保证研发机构的合理收益，又要确保新技术的价格具有市场竞争力。为了实现这一目标，可以采取差别化定价策略，根据新技术的不同类型、应用领域以及市场需求等因素来制订合理的价格。同时，政府和企业也可以通过提供补贴、优惠贷款等方式来支持新技术的推广和应用，进一步降低养殖户和企业的经济压力。

3. 市场回报与效益分析

畜牧兽医技术的优化和升级是一个持续的过程，但其成效最终需要通过市场的实际表现来验证。在应用新技术之前，需要对现有的生产效益、产品质量以及市场竞争力进行全面的评估，以便为新技术应用后的效果提供一个清晰的对比基准。当新技术投入应用后，需要再次对这些关键指标进行评估，并与之前的数据进行对比分析。通过这样的方式，可以准确地了解新技术对生产效益的提升、对产品质量的提高以及对市场竞争力的增强程度，从而客观地评估新技术的市场回报和经济效益。同时，不能仅仅局限于经济效益的评估，还需要将目光投向更广阔的领域。新技术可能带来的环境效益，如减少污染、节约资源等，以及社会效益，如提升动物福利、保障食品安全等，同样是需要关注的重点。只有将经济效益、环境效益和社会效益三者综合考虑，才能更全面地评估新技术的真正价值，为实现畜牧业的可持续发展提供有力的支撑。

三、畜牧兽医技术市场需求影响人才培养

（一）人才结构与需求

1. 专业技能与知识结构的调整

随着畜牧兽医技术的日新月异，传统的知识和技能结构在面临市场的新需求时已经显得捉襟见肘。这种变化不仅仅是对

新技术的渴求，更是对整个行业认知深度和广度的拓展。教育机构，作为人才的摇篮，肩负着培养未来畜牧兽医行业精英的重任。因此，它们必须站在行业的前沿，敏锐地捕捉市场动态，及时调整教育策略。课程设置是教育机构与市场需求之间的桥梁。为了确保学生所学与所用能够无缝对接，教育机构需要不断地对现有课程进行审视和更新。这不仅仅是增加几门新课程那么简单，更是对现有课程体系的深度优化和重构。在这个过程中，教育机构需要紧密与行业内的企业、专家合作，共同研究制订符合市场需求的课程体系。同时，新的教学内容和方法的引入也是至关重要的。传统的教学模式往往注重理论知识的传授，而忽视了学生的实践能力和创新精神的培养。在现代畜牧兽医行业中，这种单一的知识结构已经难以应对复杂多变的市场环境。因此，教育机构需要引入更多具有前瞻性和实践性的教学内容，如最新的研究成果、行业案例分析、实战演练等，让学生在学习的过程中就能够接触到行业的真实面貌。此外，教学方法的革新也是刻不容缓的。教育机构需要打破传统的"填鸭式"教学，引入更多互动式、探究式的教学方法，如小组讨论、项目驱动、翻转课堂等，激发学生的学习兴趣和主动性。同时，现代教育技术的应用也是提升教学效果的重要手段，如在线课程、虚拟仿真实验、智能教学辅助系统等，都可以为学生提供更加便捷和高效的学习体验。

2. 跨学科知识与综合能力的培养

现代畜牧兽医行业正面临着前所未有的挑战与机遇，其中最为突出的一点就是对人才的需求变化。传统的单一学科知识和技能已经难以满足行业发展的需求，取而代之的是对具备跨学科知识和综合能力人才的迫切需求。在这样的背景下，教育机构必须审时度势，对人才培养模式进行深度改革。加强学科交叉融合，打破传统学科之间的壁垒，成为改革的重中之重。这意味着不同学科之间的知识、方法和技能需要得到有机的结合，形成全新的知识体系和能力结构。为了实现这一目标，教育机构需要鼓励师生跨学科交流与合作，推动不同学科之间的深度融合。在课程设置上，可以开设跨学科课程，引入多学科知识，让学生在学习的过程中就能够建立起跨学科的思维方式和解决问题的能力。同时，在教学方法上，也需要注重培养学生的综合能力和创新思维，通过案例分析、项目实践等方式，让学生在实践中锻炼自己的跨学科知识和综合能力。

3. 人才需求的层次化与多样化

市场需求对畜牧兽医人才的需求日益呈现出层次化和多样化的特点。这种需求的变化，不仅体现在对人才专业技能的要求上，更体现在对人才综合素质、实践能力和创新精神等多方面的期待。因此，教育机构在制订人才培养方案时，必须充分考虑市场需求的这种层次化和多样化特点。具体来说，教育机构需要对市场需求进行深入的调研和分析，了解不同层次和类型的人才需求特点和规律。在此基础上，结合自身的教育资源和优势，制订差异化的人才培养方案。这些方案应既体现对专业技能的重视，又兼顾对综合素质、实践能力和创新精神的培养。同时，还需要根据市场变化及时调整和优化人才培养方案，确保教育始终与市场需求保持紧密对接。

（二）实践能力与创新精神

1. 实践教学体系的完善

教育机构在畜牧兽医人才的培养过程中，实践教学的重要性不言而喻。为了让学生更好地将理论知识与实际操作相结合，提高其实践能力和解决问题的能力，教育机构需要构建一套完善的实践教学体系。这一体系应涵盖实验、实习、实训等核心教学环节，确保学生能够从多个角度、多个层面接触到行业的真实操作。在实验环节，学生可以通过亲手操作，验证和巩固所学的理论知识；在实习环节，学生有机会深入企业一线，了解畜牧兽医行业的实际运作，将所学知识与实际工作紧密结合；在实训环节，学生则可以在模拟的真实环境中，进行实战演练，锻炼其解决实际问题的能力。此外，教育机构还应注重实践教学与理论教学的有机结合，确保两者能够相互促进，共同提高学生的综合素质。同时，教育机构还需要不断对实践教学体系进行评估和完善，以适应行业发展和市场需求的变化。

2. 创新教育与创业支持

创新不仅是科技进步的核心，也是畜牧兽医行业持续发展的关键驱动力。面对日新月异的科技变革和市场需求，教育机构深知培养具备创新意识和创新能力的人才至关重要。为了实现这一目标，教育机构需要将创新教育融入到日常教学中，鼓励学生勇于探索、敢于质疑，培养他们的创新思维和解决问题的能力。这可以通过开设创新课程、组织创新实践活动、搭建创新平台等多种方式来实现。创新课程可以引导学生学习和掌握创新理论和方法，为他们提供创新的灵感和思路；创新实践活动则可以让学生亲身体验创新的过程，锻炼他们的创新能力和团队协作精神；而创新平台则可以为学生提供展示和交流创新成果的机会，激发他们的创新热情。同时，教育机构还需要提供全方位的创业支持和服务，鼓励学生将创新成果转化为实际的产品和服务，自主创业，推动行业的创新和发展。这包括提供创业指导、资金支持、场地租赁、市场推广等一系列服务，帮助学生顺利渡过创业初期的种种困难。此外，教育机构还可以与企业、行业协会等合作，共同搭建创业孵化平台，为学生提供更加广阔的创业空间和资源。

3. 校企合作与产学研结合

校企合作在畜牧兽医人才培养中扮演着举足轻重的角色。这种合作模式不仅有助于教育机构更准确地把握行业对人才的需求，更是实现人才培养与行业需求对接的有效途径。通过与企业的紧密合作，教育机构能够深入了解行业的最新动态和技术发展，从而及时调整和优化人才培养方案。更重要的是，校企合作为学生提供了宝贵的实践教学资源和实践机会。在企业实地实习和实践中，学生可以亲身体验到行业的真实环境和工作流程，这不仅有助于他们更好地掌握专业知识，更能够锻炼他们的实践能力和创新精神。同时，企业中的专家和技术人员也可以为学生提供一对一的指导，帮助他们解决在实际操作中遇到的问题，进一步提升他们的技能水平。

第二节 市场竞争格局分析

一、畜牧兽医市场参与者的类型与特点

（一）畜牧兽医市场参与者的类型

1. 大型畜牧企业

这些大型畜牧企业不仅拥有雄厚的资金基础，还汇聚了行业内的先进技术和顶尖人才。凭借这些优势，它们能够实现规模化、标准化的养殖生产，确保畜产品的质量和安全。在市场中，这些企业占据着举足轻重的地位，其生产规模、产品质量和品牌影响力都远超其他参与者。此外，大型畜牧企业对行业的发展趋势和竞争格局也具有深远的影响。它们通常会积极

投入研发，推动技术创新和产业升级，引领行业向更高效、更环保的方向发展。同时，这些企业的市场策略和竞争格局也会对整个市场产生重要影响，其他参与者需要密切关注并灵活应对。

2. 中小型养殖场

中小型养殖场在畜牧兽医市场中占据着不可忽视的地位，其数量众多，遍布各地，为市场提供了丰富的畜产品。这些养殖场规模适中，经营灵活，能够快速调整生产结构以应对市场变化。与大型畜牧企业相比，它们更具灵活性，能够迅速捕捉市场需求，调整养殖品种和数量，满足消费者的多样化需求。此外，中小型养殖场在推动地方经济发展、促进农村就业和增加农民收入等方面也发挥着重要作用。它们通常与当地社区紧密相连，为当地居民提供就业机会，同时也为农村地区带来经济活力。

3. 个体养殖户

个体养殖户是畜牧兽医市场中的重要参与者之一。他们通常以家庭为单位，利用自有土地和资源进行养殖活动。相比于大型畜牧企业和中小型养殖场，个体养殖户的规模较小，但数量众多，广泛分布于农村地区。个体养殖户的经营方式灵活多样，可以根据市场需求和自身条件快速调整养殖品种和规模。他们通常具有丰富的养殖经验和独特的养殖技术，能够生产出具有地方特色的畜产品，满足消费者的多样化需求。然而，个体养殖户在资金、技术、市场渠道等方面相对较弱，缺乏规模效应和品牌影响力。他们面临着市场竞争激烈、价格波动大、疫病风险等挑战。因此，政府和相关机构需要给予个体养殖户更多的支持和帮助，提高他们的养殖技能和管理水平，降低生产成本和市场风险，促进他们的可持续发展。

4. 兽药与饲料生产企业

这些兽药与饲料生产企业是畜牧兽医市场的重要支柱，它们专注于兽药和饲料的研发、生产和销售，为整个行业提供着不可或缺的产品和服务。这些企业的产品质量和创新能力，直接关系到养殖业的健康发展和畜产品的质量安全，对畜牧兽医市场的影响至关重要。优质的产品是养殖业稳定运行的保障，而创新则是推动行业持续发展的动力。这些企业深知产品质量的重要性，从原料采购到生产工艺，从质量控制到产品检验，每一个环节都严格把关，确保出厂的每一批产品都符合国家标准和行业要求。同时，它们也注重创新能力的提升，不断投入研发资金，引进先进技术，开发新产品，提高产品的科技含量和附加值。这种对创新和质量的追求，不仅提升了企业的核心竞争力，也为畜牧兽医市场的繁荣和稳定作出了积极贡献。

（二）畜牧兽医市场参与者的特点

1. 养殖企业的特点

（1）规模化经营

养殖企业通过规模化养殖，能够实现土地、资本、劳动力等生产要素的优化配置，进而提高产出效率和经济效益。规模化养殖意味着养殖企业能够集中投入更多的资源，采用现代化的养殖技术和管理模式，确保养殖环境的稳定和生产流程的标准化。这种模式下，企业能够更精确地控制饲料配方、疫病防治等关键环节，降低生产成本，提高畜产品的生长速度和品质。同时，规模化养殖还有助于企业形成规模效应，提升市场竞争力。通过大规模采购和销售，企业能够降低单位产品的成本，并获得更多的市场定价权。此外，规模化养殖还有利于企业品牌的塑造和消费者信任的建立，进一步巩固市场地位，实现持续稳定的高产出和高效益。

（2）技术与管理先进

养殖企业在生产过程中积极引入并运用现代养殖技术和管理方法，这些先进的技术和方法能够显著提高生产效率，确保畜产品的优质和安全。通过自动化喂养系统、智能环境监控等现代科技手段，企业能够更精确地满足畜禽的生长需求，减少资源浪费，提升养殖效率。同时，引入科学化的管理流程和标准化的操作规范，确保每一个生产环节都严格遵循行业标准和最佳实践，从而最大限度地保障产品的品质和安全，满足消费者对高品质畜产品的需求。

（3）市场导向

养殖企业在运营过程中，始终保持对市场动态的敏锐洞察力，紧密跟踪消费者需求、市场价格波动、行业发展趋势等关键因素的变化。通过定期市场调研和数据分析，企业能够准确把握市场的脉搏，预测未来的市场走势，进而灵活调整养殖结构和产品策略。这种市场导向的经营模式，使企业能够迅速响应市场变化，优化资源配置，避免产品积压和资源浪费，确保养殖活动的经济效益最大化。

2. 加工企业的特点

（1）专业化程度高

加工企业在畜牧兽医市场中扮演着关键角色，它们专注于畜产品的加工处理，涵盖屠宰、分割、冷藏等重要环节。这些环节对于确保畜产品的品质、安全性和延长保质期至关重要。加工企业配备先进的屠宰设备和分割工具，按照严格的卫生标准和操作流程进行作业，确保产品在加工过程中不受污染，同时最大化地保留其营养价值。此外，它们还采用先进的冷藏技术，有效控制产品的温度和湿度，延长产品的保鲜期，为消费者提供新鲜、安全的畜产品。

（2）质量控制严格

加工企业在生产过程中坚决执行严格的质量标准和检验流程，这是确保产品安全性和品质的基石。从原料采购到生产加工的每一个环节，企业都遵循着行业最高标准，对原料进行严格筛选，确保源头安全。在生产过程中，每一步操作都经过精心设计和反复验证，以确保产品的稳定性和一致性。同时，成品在出厂前还必须经过多道严格的检验程序，包括外观检查、微生物检测、营养成分分析等，只有完全符合质量标准的产品才能被允许进入市场，从而为消费者提供安全、放心的畜产品。

（3）增值能力强

加工企业通过深加工和品牌建设，能够显著提升产品的附加值和市场竞争力。深加工不仅包括对畜产品的进一步处理，如熏制、腌制、罐头制作等，以增加产品的种类和口味选择，满足消费者多样化的需求，还能通过提取和浓缩等技术，开发出畜产品中的高价值成分，如胶原蛋白、生物活性肽等，从而大幅度提升产品的附加值。同时，企业通过品牌建设和市场推广，塑造独特的品牌形象，传递产品的优质信息，增强消费者对产品的信任和忠诚度，进而在激烈的市场竞争中脱颖而出，赢得市场份额和利润增长。

3. 个体养殖户的特点

（1）灵活性高

个体养殖户在畜牧兽医市场中展现出极大的灵活性，他们的经营方式不拘一格，能够迅速响应市场变化并做出相应调整。当市场需求发生变化时，如消费者对某种畜产品的偏好上升或价格下降，个体养殖户能够敏锐地捕捉到这些信号，并迅速调整养殖策略。他们可能改变养殖品种、调整饲料配方、优化养殖密度或改变销售策略等，以适应新的市场形势。这种灵活性使得个体养殖户在多变的市场环境中能够保持竞争力，并有机会获得更好的经济效益。

（2）经验丰富

个体养殖户在长期的养殖实践中，通常积累了丰富的养殖经验和独特的养殖技术。这些经验和技术是他们宝贵的财富，也是他们在市场中立足的重要资本。凭借这些优势，个体养殖户能够生产出具有地方特色的畜产品，如某些特定品种的畜禽或采用传统饲养方式生产的产品。这些特色畜产品往往具有独特的风味和品质，能够满足消费者的特殊需求或偏好，因此在市场上具有较高的竞争力和附加值。个体养殖户的这种优势和特色，也为畜牧兽医市场的多样性和丰富性作出了重要贡献。

（3）抗风险能力较弱

个体养殖户往往因经营规模相对较小，资金和技术实力有限，使得他们在面对市场波动、疫病风险等挑战时，抗风险能力相对较弱。当市场出现不利变化时，如畜产品价格下跌或疫病暴发，个体养殖户可能面临较大的经济损失，甚至面临破产的风险。由于缺乏规模效应和足够的资源储备，他们可能难以承受较大的市场冲击。因此，政府和相关部门需要给予个体养殖户更多的关注和支持，提供必要的资金、技术和市场信息等帮助，以增强他们的抗风险能力，促进畜牧兽医市场的稳定和可持续发展。

二、畜牧兽医区域分布与竞争格局

（一）畜牧兽医区域分布特点

1. 地域性差异显著

我国畜牧兽医业地域性差异显著，这种差异主要源于不同地区的自然条件、资源禀赋以及经济发展水平等多重因素的综合影响。北方地区，拥有广袤的草原资源，气候相对寒冷干燥，适宜发展草原畜牧业。因此，北方地区的畜牧兽医业以养殖牛、羊等草食动物为主，形成了独特的草原畜牧文化。相比之下，南方地区气候温暖湿润，水资源丰富，农业生产发达，为农区畜牧业的发展提供了得天独厚的条件。南方地区的畜牧兽医业更加注重养殖猪、鸡等杂食或肉食动物，以满足当地居民对肉蛋奶等畜产品的需求。这种地域性差异不仅塑造了我国畜牧兽医业的多元化发展格局，也为各地充分利用自身资源优势、发展特色畜牧兽医业提供了广阔的空间和机遇。

2. 集中连片发展

在同一地区内，畜牧兽医业常展现出集中连片发展的鲜明趋势。众多养殖企业和加工企业相邻而建，形成了紧密的产业链集群。这种发展模式有助于形成规模效应，使得各类资源如饲料、兽药、设备等得以高效利用，避免了分散布局带来的资源浪费。同时，集中连片发展还有利于降低生产成本，因为企业间可以共享基础设施、劳动力市场和信息资源，减少了单个企业的运营支出。此外，集群内的企业相互竞争、相互合作，推动了技术创新和产品质量的提升，从而增强了整个地区畜牧兽医业的市场竞争力。这种发展趋势不仅促进了当地经济的繁荣，也为畜牧兽医业的可持续发展奠定了坚实基础。

3. 与农业生产相互促进

畜牧兽医业与农业生产之间存在着紧密而相互促进的关系，这种关系形成了一种良性的循环。首先，农业生产为畜牧兽医业提供了丰富的饲料来源，如玉米、大豆等农作物都是畜牧业不可或缺的饲料。这些农作物的种植不仅满足了畜牧业的需求，同时也为农民带来了稳定的收入。其次，畜牧兽医业的发展又反过来促进了农业生产结构的优化。随着畜牧业规模的扩大，对饲料的需求也在不断增加，这推动了农作物种植结构的调整，使农业生产更加符合市场需求。此外，畜牧兽医业的发展还为农民提供了更多的就业机会和收入来源，如养殖、加工、销售等环节都需要大量的劳动力参与，从而有效地促进了农民收入的增加。这种良性循环不仅推动了畜牧兽医业和农业生产的共同发展，也为农村经济的繁荣注入了新的动力。

（二）竞争格局分析

1. 不同地区间竞争

由于我国地域辽阔，不同地区的自然条件、资源禀赋和经济发展水平差异显著，这导致了畜牧兽医业在地区间存在着一定的竞争关系。这种竞争首先表现在对市场份额的争夺上。各地区都希望能够占据更大的市场份额，以获得更多的经济收益和发展机会。因此，首先，它们会在产品质量、价格、营销等方面展开激烈的竞争。其次，对优质资源的争夺也是竞争的重要内容。例如，一些地区拥有丰富的草原资源或优质的饲料来源，这些资源对于畜牧兽医业的发展至关重要。为了获取这些资源，各地区之间会展开激烈的争夺。此外，随着科技的不断进步，先进技术在畜牧兽医业中的应用越来越广泛。因此，对先进技术的争夺也成了地区间竞争的一个重要方面。各地区都希望能够引进或研发出更先进的技术，以提高生产效率、降低成本并增强市场竞争力。这种竞争关系在一定程度上推动了畜牧兽医业的发展和创新，但同时也需要各地区加强合作与交流，实现资源共享和优势互补。

2. 不同规模企业间竞争

在畜牧兽医市场中，企业规模的不同导致了它们之间存在明显的竞争关系。大型企业由于拥有雄厚的资金实力、先进的技术支持以及完善的管理体系，往往能够在市场中占据主导地位。它们可以通过大规模的生产和销售，降低成本，提高效率，从而获取更多的市场份额和利润。然而，中小型企业虽然在规模和资源上无法与大型企业相抗衡，但它们却凭借着灵活性和创新性的优势，在市场中不断寻求突破口和发展空间。这些企业通常能够更快速地适应市场变化，调整经营策略，推出新产品或服务，以满足消费者的多样化需求。同时，它们也更注重与客户的沟通和合作，以建立良好的品牌形象和口碑。因此，在畜牧兽医市场中，不同规模的企业各有千秋，它们通过不同的方式和策略展开竞争，共同推动着市场的繁荣和发展。

3. 产业链上下游竞争

畜牧兽医产业链是一个涵盖多个环节的复杂系统，其中包括饲料生产、养殖、屠宰加工以及销售等关键环节。在这些环节中，上下游企业之间存在着一定程度的竞争关系。以饲料生产企业和养殖企业为例，它们在价格和质量方面展开激烈的竞争。饲料生产企业努力提升产品质量、降低成本，以争取更多的市场份额；而养殖企业则对饲料的价格和质量进行严格把控，以确保自身的养殖效益。同样地，在屠宰加工环节与销售环节之间，也存在着市场份额和销售渠道方面的竞争。屠宰加工企业致力于提高加工效率、优化产品结构，以满足市场需求；而销售企业则通过拓展销售渠道、提升品牌影响力等手段来增强市场竞争力。这种竞争关系在一定程度上推动了畜牧兽医产业链的持续优化和升级。然而，为了实现整个产业链的协调发展，各环节企业之间也需要加强合作与沟通，共同应对市场挑战。

三、畜牧兽医市场集中度与趋势

（一）市场集中度分析

1. 龙头企业主导地位明显

在畜牧兽医市场中，一些龙头企业凭借雄厚的资金实力、先进的技术支持和卓越的品牌影响力，稳稳地占据了市场的主导地位。这些企业不仅拥有强大的生产能力和高效的运营体系，更重要的是它们构建了完整的产业链，实现了从饲料生产到养殖、屠宰加工再到销售的全环节覆盖。这样的产业布局使得这些龙头企业能够全面掌控市场动态，有效应对各种市场变化。同时，它们也通过不断优化产业链各环节的协同和整合，提高了整体运营效率和市场响应速度。这种强大的市场控制力不仅为这些龙头企业带来了丰厚的经济回报，更在一定程度上塑造了畜牧兽医市场的竞争格局和发展趋势。其他中小企业在面对这些龙头企业时，往往难以在全方位上与之抗衡，从而形成了明显的市场分层和竞争格局。

2. 中小企业数量众多，但市场份额有限

与畜牧兽医市场中的龙头企业相比，中小企业虽然在数量上占据优势，但在市场份额上却相对有限。这些企业往往因为资金、技术、品牌等方面的限制，无法像龙头企业那样构建完整的产业链和全面的市场布局。因此，它们通常选择专注于畜牧兽医产业链中的某个环节或某个特定产品的研发和生产，以此作为突破口，寻求在细分市场上的竞争优势。然而，这种专注于局部的策略也导致了中小企业在整体市场上的竞争力相对较弱，难以与龙头企业进行全面抗衡。尽管中小企业在创新、灵活性和市场适应性等方面具有一定优势，但这些优势往往难

以弥补其在规模、资源和品牌影响力等方面的不足。因此，在畜牧兽医市场中，中小企业需要更加注重合作与联盟，通过资源共享和优势互补来提升自身竞争力，以在激烈的市场竞争中获得一席之地。

3. 地域性集中度差异显著

受自然条件、资源禀赋和经济发展水平等多重因素影响，畜牧兽医市场在不同地区展现出显著的地域性集中度差异。一些地区凭借得天独厚的自然资源和优越的条件，如丰富的饲料来源、适宜的气候环境以及悠久的养殖传统等，形成了较为集中的畜牧兽医产业集群。这些集群内的企业相互协作，资源共享，形成了强大的产业链和市场竞争力，进一步加剧了市场集中度的提升。然而，在另一些地区，由于自然条件相对恶劣、资源匮乏或经济发展水平较低等原因，畜牧兽医市场的发展则相对分散，缺乏明显的市场集中度。这些地区的企业往往面临着更大的生存压力和市场挑战，难以形成规模效应和集群优势。这种地域性的市场集中度差异不仅影响了畜牧兽医市场的整体竞争格局，也为不同地区的企业带来了不同的发展机遇和挑战。因此，在制订市场策略和推动产业发展时，需要充分考虑不同地区的实际情况和特点，因地制宜地制订相应政策和措施。

（二）市场趋势分析

1. 规模化、集约化发展趋势明显

随着畜牧兽医业的持续进步与发展，规模化、集约化已成为当前市场的主要趋势和方向。为了适应这一变化，越来越多的企业开始积极调整自身的发展战略和运营模式，通过扩大生产规模、提高生产效率、降低生产成本等多种方式来提升自身的市场竞争力。这种转变不仅有助于企业实现资源的优化配置

和高效利用，还能够提高产品质量和服务水平，更好地满足市场需求。同时，政府在推动畜牧兽医业发展的过程中也扮演着重要角色。为了促进规模化、集约化养殖的快速发展，政府加大了对相关企业和项目的支持力度，出台了一系列优惠政策和扶持措施。这些举措的实施不仅降低了企业的经营成本和风险，还为企业提供了更广阔的发展空间和市场机遇，从而有力地推动了整个市场的进一步繁荣与发展。

2. 科技创新成为市场发展的重要驱动力

科技创新在畜牧兽医市场中的作用正日益凸显，成为推动行业进步的核心动力。随着科技的不断突破，新技术、新设备如雨后春笋般不断涌现，并被广泛应用于畜牧兽医业的各个环节。这些技术和设备的引入，不仅极大地提高了生产效率，降低了生产成本，还为畜牧兽医业的发展提供了强大的技术支撑。更为重要的是，科技创新还推动了产品的升级换代，使得畜牧兽医市场的产品和服务更加多元化、高品质化。同时，科技创新也促进了产业链的延伸拓展，带动了相关产业的发展，为市场带来了新的增长点和发展机遇。可以说，科技创新正深刻改变着畜牧兽医市场的面貌，引领着行业向更高水平迈进。因此，企业和政府应高度重视科技创新在畜牧兽医市场中的作用，加大投入力度，推动科技与产业的深度融合，以实现行业的持续、健康、快速发展。

3. 绿色、生态、可持续发展成为市场共识

随着全球环保意识的逐渐觉醒和消费者对健康、安全、环保等问题的日益关注，绿色、生态、可持续发展的理念已深入人心，成为畜牧兽医市场发展的共识和必然趋势。为了响应这一时代号召，越来越多的畜牧兽医企业开始积极投身于环保事业，注重环保设施的建设和资源的循环利用。它们通过引进先进的环保技术和设备，优化生产流程，减少废弃物排放，努力实现产业的绿色转型和升级。这种转变不仅提升了企业的环保形象和市场竞争力，也为整个行业的可持续发展奠定了坚实基础。与此同时，政府在推动畜牧兽医市场绿色发展的过程中也发挥着举足轻重的作用。政府加大了对环保和可持续发展的政策扶持和资金投入力度，为企业提供了有力的支持和保障。通过出台一系列优惠政策和激励措施，鼓励企业积极参与环保事业，推动市场的健康发展。在政府和企业的共同努力下，畜牧兽医市场必将迎来一个更加绿色、生态、可持续发展的美好未来。

四、畜牧兽医市场竞争层次

（一）产品竞争层次

1.饲料产品竞争

在饲料生产环节，企业之间的竞争尤为激烈，主要围绕产品质量、价格以及营养成分等多个方面展开。为赢得市场份额和养殖户的青睐，企业必须不断提升饲料产品的品质，确保其营养均衡、易于消化吸收，从而满足畜禽生长所需的各种营养元素。同时，价格也是影响产品竞争力的关键因素之一。企业需要在保证产品质量的前提下，通过优化生产工艺、降低生产成本等方式，提供价格合理、性价比高的饲料产品，以吸引更多的养殖户选择。高品质、营养均衡、价格合理的饲料产品，往往能够更好地满足养殖户的需求，提升畜禽的生长性能和健康状况，从而为企业赢得良好的口碑和市场份额。因此，在饲料生产环节，企业需要注重产品的研发和创新，不断优化产品配方和生产工艺，提高产品的质量和性价比，以在激烈的市场竞争中脱颖而出。

2. 畜牧产品竞争

在养殖环节，畜牧产品的品种选择、生长速度以及抗病能力等方面成为企业间竞争的核心要素。具备优良品种的企业，其产品往往具有更高的生长潜力和更好的肉质口感，从而更容易受到市场的青睐。同时，高效养殖技术的运用也是提升产品品质和降低生产成本的关键。通过科学的饲养管理、合理的饲料配方以及先进的养殖设备，企业能够确保畜牧产品快速、健康地成长。更为重要的是，严格的疫病防控措施对于保障畜牧产品的安全和质量至关重要。企业需要建立完善的疫病防控体系，定期进行疫苗接种和健康检查，确保畜牧产品免受疫病的侵害。这些措施的实施，不仅有助于提升产品的品质和安全性，还能够增强企业的市场信誉和竞争力，使其在市场中获得优势地位。因此，在养殖环节，企业应致力于优良品种的培育、高效养殖技术的研发以及疫病防控体系的完善，以生产出更高品质的畜牧产品，满足市场的需求并赢得消费者的信任。

（二）服务竞争层次

1. 技术服务竞争

在畜牧兽医市场中，企业为了保持领先地位并持续吸引客户，仅仅提供高质量的产品是远远不够的。除了产品本身，专业的技术服务同样是企业赢得客户信任和满意度的关键。这些技术服务涵盖了多个方面，如养殖技术咨询、疫病防控指导以及饲料配方优化等。当客户在养殖过程中遇到难题时，能够及时获得企业的技术支持和帮助，无疑会大幅提升他们的满意度和忠诚度。

通过提供全面、及时的技术服务，企业不仅能够解决客户当前的问题，更能够与客户建立起长期稳定的合作关系。这种合作关系的建立，不仅增强了企业与客户之间的黏性，使得客户更加依赖和信任企业，同时也提高了企业在市场中的竞争力和知名度。因此，对于畜牧兽医企业来说，提供高质量的产品和专业的技术服务是相辅相成的，只有两者都做到位，才能在激烈的市场竞争中立于不败之地。

2. 销售服务竞争

在畜牧兽医市场的销售环节，企业需要精心构建并不断完善自身的销售网络和售后服务体系。一个健全的销售网络能够确保产品覆盖更广泛的地域，触及更多的潜在客户，从而实现销售的最大化。而优质的售后服务体系则是企业赢得客户长期信任和忠诚度的关键。当客户在使用产品或日常养殖中遇到问题时，企业能够及时响应并提供有效的解决方案，这种服务上的保障能够极大地提升客户满意度。此外，随着市场的不断变化和消费者需求的日益多样化，企业还需具备敏锐的市场洞察力，及时调整销售策略，为客户提供更加个性化的解决方案和增值服务。这种对客户需求的高度关注和灵活应对，将有助于企业在激烈的市场竞争中保持领先地位，实现持续稳健的发展。

3. 品牌形象竞争

品牌形象在畜牧兽医市场中扮演着举足轻重的角色，它不仅是企业综合实力的直观展现，更是影响消费者选择的关键要素。为了在竞争激烈的市场中脱颖而出，企业必须高度重视品牌建设和维护工作。这包括不断提升产品质量，确保每一款饲料、每一个养殖方案都能满足客户的期待；同时，优化服务体验也至关重要，从技术咨询到售后服务，每一个环节都应体现企业的专业和用心。此外，加强宣传推广也是塑造品牌形象的重要手段，通过多渠道、多形式的宣传，让更多消费者了解并认可企业的品牌和价值。

第三节 市场机制在产业化中的作用

一、价格机制引导资源配置

（一）价格信号的作用

1. 价格反映资源价值

在畜牧兽医领域，资源的价格变动不仅仅是一个简单的数字变化，它背后所反映的是资源的稀缺性和市场需求的变化。饲料、兽药、设备等资源的价格，都是市场供求关系的直接体现。当某种资源价格上涨时，说明该资源相对稀缺，市场需求大于供应；反之，价格下跌则意味着供应相对充足或市场需求减少。这些价格信号对企业来说具有极其重要的指导意义。企业可以根据价格变动及时调整生产计划和采购策略，优化资源配置，降低生产成本。同时，价格信号也是企业进行市场预测和决策的重要依据。通过对资源价格变动的深入分析和研究，企业可以洞察市场趋势，把握市场机遇，从而做出更加明智的决策。因此，在畜牧兽医领域，企业必须密切关注资源价格变动，以便及时、准确地应对市场变化。

2. 价格引导投资方向

高价资源往往代表着高回报和高利润，这是因为其稀缺性或高需求使得市场价格被推高。在这种情况下，企业往往会被吸引并决定投入更多的资本以获取这些资源，期望通过满足市场需求来实现更高的盈利。然而，这种投资行为也伴随着一定的风险，因为高价资源的获取成本较高，一旦市场需求发生变化或资源价格出现波动，企业的投资可能会受到影响。相比之下，低价资源虽然看似具有投资潜力，但实际上可能面临着市场饱和的风险。当某种资源供应充足且价格低廉时，往往意味着市场已经接近饱和，进一步投资可能会遭遇激烈的竞争和有限的利润空间。因此，企业在考虑投资低价资源时，必须谨慎评估市场需求、竞争状况以及自身的实力和优势，以确保投资决策的正确性。总之，无论是高价资源还是低价资源，企业都需要在深入市场分析和风险评估的基础上，做出明智的投资决策。

（二）资源配置的优化

1. 资源流向高效益领域

在价格机制的巧妙引导下，资源仿佛被赋予了智慧，它们会自发地、有序地流向那些能够产生更高经济效益的畜牧兽医技术领域。这是因为价格机制通过反映资源的稀缺性和市场需求，为资源配置提供了明确的方向和动力。当某一畜牧兽医技术领域具有较高的经济效益时，相关资源的需求也会随之增加，从而推高资源价格。在价格上升的刺激下，更多企业会被吸引进入该领域，投入更多资本以获取这些高价资源。这样一来，资源就会自然而然地流向那些能够创造更大经济价值的畜牧兽医技术领域，推动这些领域的快速发展和进步。同时，这也促进了资源的优化配置和高效利用，提高了整个畜牧兽医行业的经济效益和社会效益。

2. 提高资源利用效率

在激烈的市场竞争中，企业为了保持竞争优势并追求更高的利润，必须不断地寻求降低成本的有效途径。而提高资源的利用效率、减少浪费则成为其中至关重要的一环。企业会采取各种措施，如优化生产流程、改进设备工艺、提高员工技能等，以确保在生产过程中能够最大限度地发挥资源的价值，避免浪费。这种努力不仅有助于企业降低生产成本、提升盈利能力，更对环境保护和可持续发展具有重要意义。通过提高资源的利用效率，企业可以减少对自然资源的过度消耗，降低生产活动对环境造成的负面影响。同时，减少浪费也意味着减少对废弃物的处理成本，进一步减轻环境压力。

（三）价格机制与市场均衡

1. 价格调整与市场供求

在畜牧兽医技术产品市场中，供求关系是决定产品价格波动的重要因素。当某一技术产品供不应求时，其价格往往会上涨，这是因为市场需求超过了现有供应。这种价格上涨对企业来说是一种强烈的刺激信号，促使它们增加生产以满足市场需求。企业可能会扩大生产规模、提高生产效率或寻找新的供应来源，以缓解供不应求的状况并抓住市场机遇。相反，当某一畜牧兽医技术产品供过于求时，其价格则会下跌。这是因为市场供应超过了需求，导致产品积压和竞争加剧。价格下跌对企业来说是一种警示信号，提醒它们需要减少生产以避免库存积压和亏损。企业可能会缩减生产规模、调整生产计划或寻找新的市场机会，以应对供过于求的局面并降低风险。这种价格机制有助于调节市场供求平衡，推动畜牧兽医技术产品的稳定供应和市场健康发展。

2. 价格机制与市场稳定

价格的自动调整是市场经济中一个神奇而重要的机制。当市场上的某一畜牧兽医技术产品供不应求时，价格会自然上涨，这种上涨趋势就像是一个信号，告诉企业这里有利可图，刺激它们增加投资和生产。而随着生产的增加，供应量逐渐上升，缓解了市场的紧缺状况。相反，当产品供过于求时，价格下跌，警示企业需要调整生产策略，减少产量，以避免库存积压。这种价格的自动调整，就像是一只看不见的手，引导着市场上的生产者和消费者，使供求关系逐渐趋向于平衡。在这种平衡状态下，市场能够保持相对稳定，既不会出现严重的供不应求，也不会出现大量的产品积压，从而确保了市场经济的健康运行。这种自动调节机制，是市场经济体系中的一个基本特征，也是其优越性的体现。

二、供求机制促进技术创新

（一）市场需求的变化

在市场经济的大环境下，畜牧兽医领域的企业面临的首要挑战便是市场需求的变化。这种变化可能源于消费者偏好的转移、新技术的出现、政策法规的调整等多种因素。而如何捕捉这些变化，并迅速作出反应，成为企业能否在竞争中立足的关键。

1.消费者偏好的影响

随着社会的进步和经济的发展，消费者对畜牧兽医产品的品质和安全性要求越来越高。这不仅仅是对产品本身的要求，更是对生产过程和环境保护的全方位关注。例如，现代消费者更倾向于选择那些无药残、无抗生素、有机饲养的畜牧产品。这种偏好的转变，无疑给传统的畜牧兽医企业带来了巨大的挑战。为了应对这一挑战，企业必须不断创新，从饲料配方、饲养管理、疫病防治等各个环节入手，提升产品的品质和安全性。这可能需要企业投入大量的研发资金，引进先进的生产设备和管理理念，甚至可能需要与科研机构或高校进行合作，共同攻克技术难题。只有这样，企业才能满足日益挑剔的市场需求，赢得消费者的信任和青睐。

2. 市场需求的变化趋势

除了消费者偏好的影响外，市场需求的变化趋势同样是企业不容忽视的重要因素。这种趋势并非一成不变，而是随着时代的进步和社会的发展不断演变。它可能表现为市场规模的显著扩大或缩小，产品结构的深刻调整，以及竞争格局的激烈变动等。以高品质畜牧兽医产品为例，随着人们生活水平的不断提高，对食品安全和健康的关注度日益增加。消费者越来越倾向于选择那些品质上乘、安全可靠的畜牧兽医产品，以确保自己和家人的饮食健康。这种需求趋势的持续增长，为企业提供了广阔的市场空间和发展机遇。然而，要抓住这一机遇，企业必须具备敏锐的洞察力和前瞻性思维，及时发现并准确把握市场需求的变化。同时，环保意识的提升也对畜牧兽医领域产生了深远的影响。随着全球环境问题的日益严峻，绿色、环保型饲料和兽药的需求逐渐成为市场的新热点。消费者和企业越来越注重产品的环保性能和可持续性，对那些能够减少环境污染、提高资源利用效率的绿色产品表现出浓厚的兴趣。因此，企业必须紧跟这一趋势，加大在绿色技术和产品方面的研发和创新力度，以满足市场的新需求。面对这些市场需求的变化趋势，企业不仅需要具备敏锐的洞察力，还需要拥有快速反应的能力。当市场出现新的需求或挑战时，企业必须能够迅速作出反应，调整生产策略、优化产品结构、更新营销手段等，以适应市场的变化。这种快速反应能力不仅能够帮助企业及时抓住市场机遇，还能够在竞争激烈的市场环境中保持领先地位。因此，对市场需求的敏锐洞察力和快速反应能力是企业技术创新和持续发展的关键所在。

（二）创新成果的市场检验

在畜牧兽医领域，技术创新是企业提升竞争力、满足市场需求的重要途径。但技术创新并不是闭门造车，而是需要与市场紧密结合，接受市场的检验。只有那些真正符合市场需求、能够为企业带来经济效益的创新成果，才能算是成功的创新。

1. 市场接受度与技术创新

创新成果的市场接受度是衡量技术创新成功与否的核心指标。无论技术多么前沿，产品多么独特，如果它们不能获得市场的广泛认可和接受，那么所有投入的研发资源和时间都将化为泡影。市场是检验创新成果的试金石，只有经过市场的洗礼和检验，创新成果才能真正转化为商业价值。因此，企业在推进技术创新时，绝不能闭门造车，必须时刻关注市场动态，深入了解消费者的真实需求和期望。在创新项目启动之初，全面而深入的市场调研是不可或缺的。通过调研，企业可以掌握消费者的消费习惯、购买偏好、价格敏感度等关键信息，从而为技术创新提供有力的市场支撑。同时，在创新过程中，与市场的紧密沟通同样至关重要。企业需要建立有效的市场反馈机制，及时收集和分析市场信息和消费者意见，以便对创新方向和策略进行适时调整。这种调整可能涉及产品功能的增减、设计风格的改变、定价策略的优化等多个方面。此外，企业还应注重与消费者之间的情感连接。通过品牌传播、用户互动、社交媒体营销等方式，与消费者建立深厚的情感纽带，提升消费者对品牌的认同感和忠诚度。当消费者对品牌产生信任和依赖时，他们更有可能接受和购买企业的创新产品。

2. 市场反馈与技术创新调整

技术创新是一个持续不断的过程，而不是一次性的活动。

在创新成果推向市场后，企业还需要密切关注市场的反馈和反应，以便及时调整技术创新方向和策略。这种调整可能包括改进产品设计、优化生产工艺、提升产品性能等。市场反馈是技术创新调整的重要依据。通过收集和分析消费者的意见、建议和评价，企业可以了解创新成果在实际使用中的表现和不足之处。这些宝贵的信息不仅可以帮助企业改进现有产品和技术，还可以为企业未来的技术创新提供有益的参考和启示。同时，市场反馈也是企业与消费者之间沟通的桥梁。通过积极回应消费者的反馈和建议，企业可以建立起良好的品牌形象和口碑效应，从而增强消费者对品牌的忠诚度和信任感。这种品牌效应和消费者忠诚度是企业宝贵的无形资产，也是企业在激烈市场竞争中立于不败之地的重要保障。

三、竞争机制激发企业活力

（一）竞争压力的作用

1. 企业生存与发展的压力

竞争犹如一把双刃剑，既为企业带来了生存与发展的压力，也为其注入了不断前进的动力。在畜牧兽医技术产业化领域，企业面临着来自同行业的激烈竞争，这种竞争不仅体现在市场份额的争夺上，更体现在技术创新、产品质量、服务水平等多个方面。为了在这场竞争中立于不败之地，企业必须不断提高自身实力，包括加强技术研发和创新、优化生产流程、提升产品质量和服务水平等。只有这样，企业才能在激烈的市场竞争中脱颖而出，赢得更多的市场份额和客户的青睐，从而实现持续稳健的发展。

2. 优胜劣汰的市场法则

在如今畜牧兽医技术产业化的市场竞争中，企业间的角逐日益白热化。这场没有硝烟的战争，要求企业必须具备强大的竞争力和敏锐的市场洞察力。而只有那些勇于创新、敢于突破的企业，才能在这场竞争中脱颖而出，占据市场的制高点。创新是企业发展的灵魂，它不仅包括技术创新，还涵盖管理创新、市场创新等多个方面。同时，提高效率也是企业赢得市场竞争的关键。只有不断优化生产流程、提高工作效率，企业才能在短时间内创造更多的价值，满足市场需求，从而在激烈的竞争中立于不败之地。

（二）企业活力的激发

1. 创新能力的提升

为了在激烈的市场竞争中占据优势地位，企业必须时刻保持敏锐的市场触觉和前瞻性的战略眼光。而要实现这一目标，不断提升创新能力、推出新产品和新技术至关重要。创新是企业发展的源泉和动力，只有不断创新，才能在市场竞争中立于不败之地。企业需要加大研发投入，积极引进和培养高素质的创新人才，建立完善的创新体系，不断推出具有自主知识产权的新产品和新技术。这些创新成果不仅可以满足市场日益多样化的需求，提高企业的市场份额和盈利能力，还能为企业树立良好的品牌形象，为企业的长远发展奠定坚实的基础。

2. 管理效率的提高

管理效率的提高对于任何企业而言都是至关重要的，尤其是在畜牧兽医技术产业化这样竞争激烈的领域。管理效率不仅关乎企业内部的运作顺畅与否，更直接影响到企业在市场中的竞争力和盈利能力。为了提高管理效率，企业首先需要对现有的管理流程进行全面的梳理和评估，找出可能存在的瓶颈和问题。针对这些问题，企业需要采取科学的管理方法和先进的技术手段进行优化和改进，确保管理流程更加简洁、高效。此外，企业还需要注重提升员工的管理素养和技能水平。通过定期的培训和教育，使员工掌握先进的管理理念和方法，提高他们的工作效率和执行力。同时，建立完善的激励机制和考核体系，激发员工的工作积极性和创造力，进一步提升企业的管理效率。

（三）竞争与合作的平衡

1. 竞争中的合作

在激烈的市场竞争中，企业不仅需要展现自身的实力，更需要具备前瞻性的战略眼光。单打独斗往往难以应对复杂多变的市场挑战，因此，企业在竞争的同时，也需要积极寻求与其他企业的合作机会。通过合作，企业可以共享资源、分摊风险，实现优势互补，共同提升市场竞争力。这种竞合关系不仅有助于企业应对当前的市场挑战，更能为未来的市场发展奠定坚实的基础。在畜牧兽医技术产业化领域，企业间的合作将推动整个行业的进步与繁荣。

2. 合作中的竞争

合作与竞争在畜牧兽医技术产业化中并不是相互排斥的，而是相互促进的。企业间的合作并不意味着放弃竞争，反而是在更大的范围内、更高的层次上展开更为激烈的竞争。这种竞争不再是简单的价格战或市场份额的争夺，而是转向了技术创新、产品质量、服务水平等方面的全面竞争。通过合作与竞争的结合，企业可以实现资源共享和优势互补，共同推动畜牧兽医技术的产业化发展。合作使企业能够充分利用外部资源，加快技术研发和创新步伐，提高市场竞争力。同时，竞争也促使企业在合作中保持警惕和敏锐，不断提升自身的实力和核心竞争力，以应对市场变化和挑战。

第一节　组织结构类型

一、政府主导型服务组织

（一）组织架构

1. 畜牧兽医部门

农业农村部畜牧兽医部门制订和实施全国畜牧兽医政策、规划和标准。包括动物疫病防控、畜牧业生产、兽药和饲料监管等。为了保障畜牧业的健康发展，提高动物产品质量安全水平，政府需要制订一系列科学、合理、可行的政策和规划，并明确相应的标准和要求。这些政策和规划不仅符合国家法律法规的要求，还紧密结合畜牧业发展实际情况，注重实用性和可操作性，确保各项措施能够得到有效落实。省级畜牧兽医部门执行中央政策，制订地方实施细则，监管和指导本地区的畜牧兽医工作。地方政府需要紧密结合本地区的畜牧业发展实际，制订切实可行的实施细则，确保中央政策得到有效贯彻。同时，加强对本地区畜牧兽医工作的监管和指导，及时发现和解决问题，推动畜牧业的健康发展。这种地方性的具体化和细化工作，有助于实现中央政策与地方实际的有机结合，提高政策执行的效果和效率，为畜牧业的稳定发展提供有力保障。市县畜牧兽医站直接面向基层，提供畜牧兽医技术服务、疫病防控等，是基层畜牧兽医站的核心职责。这些服务旨在解决基层养殖户在养殖过程中遇到的实际问题，确保畜牧业的平稳运行。基层畜牧兽医站的工作人员需要深入一线，与养殖户面对面交流，了解他们的需求和困难，提供针对性的技术指导和解决方案。在疫病防控方面，基层畜牧兽医站承担着监测、预警、控制和扑灭等重要任务，为基层养殖户筑起一道坚实的防线，保障畜牧业的健康稳定发展。

2. 相关科研机构

开展畜牧兽医领域的科学研究和技术创新，是推动畜牧业持续健康发展的关键。通过深入研究动物的生理、病理及饲养管理等基础科学问题，不断优化兽药、饲料和养殖技术等应用研究领域，可以有效提升畜牧业的生产效率和动物健康水平。同时，结合现代生物技术、信息技术等前沿科技手段，探索畜牧兽医领域的新理论、新技术和新方法，为解决畜牧业面临的疫病防控、资源利用、环境保护等挑战提供有力支撑。这种科学研究和技术创新的不断推进，将为畜牧业的可持续发展注入源源不断的动力。

（二）服务内容与方式

1. 技术推广服务

（1）新技术、新品种的引进和示范

通过试验示范，推广先进的养殖技术和品种，是推动畜牧业现代化和高效发展的关键举措。试验示范作为一种有效的技术推广手段，通过在特定区域内进行先进技术和品种的试点示范，让养殖户直观地了解新技术、新品种的优势和应用效果。这种方式不仅能够降低养殖户的试错成本，提高技术应用的成功率，还能够促进畜牧业的科技进步和产业升级。通过广泛宣传示范成果，引导更多养殖户采用先进技术和优良品种，进而提升整个畜牧业的生产效率和经济效益。

（2）培训与教育

定期举办培训班、研讨会等，提高基层畜牧兽医人员的专业素质和技能水平，是提升畜牧业服务质量和推动行业发展的重要措施。这些活动旨在为基层畜牧兽医人员提供系统的学习机会，帮助他们掌握最新的畜牧兽医知识、技术和方法。通过邀请行业专家授课、组织实践操作、分享经验案例等方式，使培训内容更加贴近实际工作需求，增强培训效果。同时，鼓励基层畜牧兽医人员积极参与讨论和交流，拓宽视野，提升解决问题的能力。这种持续的教育和培训，有助于建立一支高素质、专业化的基层畜牧兽医队伍，为畜牧业的健康发展提供有力的人才保障。

2. 疫病防控服务

（1）疫病监测与预警

建立疫病监测网络，及时发现和预警疫病风险，是保障畜牧业安全稳定发展的重要手段。通过构建覆盖广泛、运行高效的疫病监测体系，能够实时掌握动物疫病的发生、流行趋势和分布情况，为制订科学有效的防控策略提供准确的数据支持。这种监测网络利用现代信息技术手段，实现数据的快速采集、传输和分析处理，确保信息的及时性和准确性。一旦发现疫病风险，能够迅速启动预警机制，及时通知相关部门和养殖户采取应对措施，有效控制疫病的扩散和蔓延，保障畜牧业的健康发展。

（2）疫病控制与扑灭

组织实施疫病防控措施，确保畜牧业的健康稳定发展，是畜牧兽医工作的重要任务之一。这要求相关部门和人员采取科学有效的防控策略，从源头上控制疫病的传播和扩散。通过加强动物检疫、实施免疫接种、建立疫情报告制度等措施，形成严密的防控体系，确保畜牧业的生产安全。同时，加强宣传教育，增强养殖户的防疫意识和自我防护能力，形成全社会共同参与的良好氛围。

3. 信息咨询服务

（1）市场信息分析

收集和分析国内外畜牧兽医市场信息，为养殖户提供决策支持，是畜牧兽医服务组织的重要职责之一。这要求相关机构和人员密切关注市场动态，通过各种渠道收集国内外畜牧兽医市场的价格、供需、竞争态势等信息，并进行深入分析和研究。通过对市场信息的把握和分析，可以为养殖户提供及时、准确的市场预测和趋势判断，帮助他们制订科学、合理的养殖计划和销售策略。这种市场信息服务不仅能够提升养殖户的市场竞争力，也有助于推动畜牧业的健康发展。

（2）技术咨询服务

针对养殖户遇到的技术问题，提供及时有效的解答和建议，是畜牧兽医服务组织不可或缺的一项工作。养殖户在日常养殖过程中，常会遇到诸如饲养管理、疫病防控、繁殖育种等方面的技术难题。为此，服务组织应建立快速响应机制，通过设立技术咨询热线、在线服务平台等方式，确保在养殖户遇到问题时能够迅速给予帮助。同时，服务组织还需拥有一支专业的技术团队，他们具备丰富的实践经验和专业知识，能够为养殖户提供科学、实用的解答和建议，帮助养殖户解决实际问题，提高养殖效益。

二、企业型服务组织

（一）产品定制化服务

1. 根据客户需求定制产品

根据客户需求定制产品，是现代畜牧业服务中的一项重要服务内容。为了满足不同养殖户和养殖场的特殊需求，提供如特殊配方的饲料、定制化的兽药等产品定制服务。这些定制产品是根据客户的具体养殖品种、生长阶段、环境条件等因素，结合专业知识和技术，精心设计和生产的。它们能够更好地满足客户的实际需求，提高养殖效率和动物健康水平。同时，还提供完善的技术支持和售后服务，确保客户能够正确使用这些定制产品，获得最佳的使用效果。

2. 提供技术支持

提供技术支持是确保客户能够正确使用定制产品并达到预期效果的关键环节。技术支持团队由经验丰富的专业人士组成，他们深谙产品的特性和使用方法，能够针对客户的具体情况提供个性化的指导。无论是特殊配方的饲料还是定制化的兽药，都会为客户提供详细的使用说明和操作指南，确保客户在使用过程中不出现任何差错。同时，还建立了完善的售后服务体系，随时准备解答客户在使用过程中遇到的问题，提供及时有效的解决方案，确保客户能够无忧使用产品，获得满意的养殖效果。

（二）养殖技术咨询

养殖技术咨询是畜牧兽医服务领域中的一项重要服务，旨在为养殖户在养殖过程中遇到的技术问题提供解答和建议。养殖是一项复杂而细致的工作，涉及动物生长、营养、环境控制、疫病防治等多个方面，每个环节都可能出现技术难题和挑战。因此，及时、专业的技术咨询对于养殖户来说至关重要。养殖技术咨询服务的核心在于为养殖户提供科学、实用的解决方案。当养殖户遇到饲养管理、饲料配方、疫病诊断与治疗、环境控制等技术问题时，他们可以通过电话、邮件、在线平台等多种方式向专业的技术咨询团队寻求帮助。咨询团队通常由经验丰富的畜牧兽医专家组成，他们具备深厚的理论知识和实践经验，能够针对具体问题提供切实可行的建议。在解答技术问题的过程中，咨询团队会综合运用各种专业知识和技术手段，进行深入分析，确保给出的建议既科学又实用。他们还会根据养殖户的实际情况，提供个性化的解决方案，帮助养殖户解决实际问题，提高养殖效率和经济效益。除了直接解答技术问题外，养殖技术咨询还可以提供预防性的建议，帮助养殖户规避潜在的风险。通过定期发布养殖技术资讯、举办技术培训班等方式，咨询团队还可以向养殖户传授最新的养殖知识和技术，提升他们的养殖水平和自主解决问题的能力。

（三）市场营销与品牌建设

1. 市场调研与分析

市场调研与分析是企业制订有效营销策略的基础和前提。通过深入了解市场需求、消费者偏好、行业发展趋势以及竞争态势，企业能够更准确地把握市场脉搏，为产品研发、定价、推广等营销活动提供有力的数据支持。在市场调研过程中，需要运用多种方法和工具，如问卷调查、访谈、数据分析等，确保收集到的信息全面、准确、及时。同时，还要对调研结果进行深入的分析和研究，挖掘出潜在的市场机会和威胁，为企业的决策提供科学的依据。通过市场调研与分析，企业可以更加精准地满足消费者需求，提升品牌竞争力，实现可持续发展。

2. 品牌宣传与推广

品牌宣传与推广是企业提升知名度、塑造品牌形象、拓展市场份额的重要手段。在当今竞争激烈的市场环境中，仅仅依靠优质的产品和服务是不够的，还需要通过有效的宣传和推广策略，让更多的潜在客户了解并认可企业的品牌和产品。为了实现这一目标，可以充分利用广告、展会、社交媒体等多种渠道。广告可以在广泛的受众中迅速传播品牌信息，提升品牌知名度；展会则是与客户面对面交流、展示产品优势的良好平台；而社交媒体则能够更直接地与消费者互动，了解他们的需求和反馈。通过这些多元化的宣传方式，企业能够全方位、多角度地展示自身的实力和魅力，进而在激烈的市场竞争中脱颖而出。

三、学术研究型服务组织

（一）组织概述

1. 服务宗旨与目标

（1）宗旨

服务组织始终坚守一个核心宗旨，那就是推动畜牧兽医技术的持续进步，为畜牧业的健康发展提供全方位的服务。畜牧兽医技术是畜牧业发展的基石，只有不断创新和提升，才能确保畜牧业的持续繁荣。因此，将汇聚行业内的专业力量，通过科研、培训、推广等多种方式，不断推动畜牧兽医技术的创新与应用。同时，也将紧密围绕畜牧业发展的实际需求，提供精准、高效的服务，助力畜牧业解决生产中的技术难题，提升产

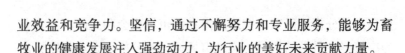
业效益和竞争力。坚信，通过不懈努力和专业服务，能够为畜牧业的健康发展注入强劲动力，为行业的美好未来贡献力量。

（2）目标

目标是打造一个高效、专业的学术研究型服务团队，这个团队将汇聚行业内顶尖的科研人才和技术专家，共同致力于畜牧兽医领域的前沿研究和应用探索。通过不断深化学术研究，期望能够攻克行业内的技术难题，提出创新性的解决方案，推动畜牧兽医技术的更新换代。同时，还将积极与行业内外的相关机构和企业展开合作与交流，共同分享研究成果和经验，促进整个行业的共同进步。通过努力，期望能够显著提升畜牧兽医行业的整体水平，为畜牧业的可持续发展提供强有力的技术支撑和保障。

2. 组织结构与职能

（1）学术研究部：负责畜牧兽医领域的科研项目和学术交流

学术研究部作为服务组织的核心部门之一，肩负着推动畜牧兽医领域科研进步和学术交流的重要使命。该部门汇聚了一批在畜牧兽医领域具有深厚学术背景和丰富实践经验的专家学者，他们通过不断跟踪和研究国内外最新的科研成果和技术进展，为组织提供前沿的学术支持和指导。学术研究部的主要工作包括制订和执行科研项目计划，这些项目旨在解决畜牧兽医生产中遇到的实际问题，提升行业技术水平。同时，该部门还负责组织和参与各类学术交流活动，如学术会议、研讨会和论坛等，以促进行业内外的知识共享和技术交流。通过这些活动，不仅可以及时了解和学习其他国家和地区的先进经验和技术，还能够与同行专家建立广泛的联系和合作，共同推动畜牧兽医领域的学术繁荣和技术进步。

（2）技术服务部：提供畜牧兽医技术咨询、培训和推广服务

技术服务部是服务组织中至关重要的一个部门，其主要职责是提供全方位的畜牧兽医技术咨询、培训和推广服务。该部门拥有一支经验丰富、技术精湛的专业团队，他们深入了解畜牧兽医行业的实际需求，能够针对养殖户和基层兽医在生产过程中遇到的技术问题，提供及时、有效的解决方案。除了技术咨询，技术服务部还定期举办各类培训课程，内容涵盖养殖技术、疫病防治、饲料营养等多个方面，旨在提升养殖户和基层兽医的专业技能水平。此外，该部门还积极推广先进的畜牧兽医技术，通过示范点建设、技术展示等方式，让更多的人了解并应用这些技术，从而推动整个行业的技术升级和效益提升。

（3）市场拓展部：负责市场调研、品牌推广和合作拓展

市场拓展部是服务组织中的关键部门，它的职责是确保服务能够精准地触达目标客户，并通过有效的品牌推广和合作拓展，不断提升组织的市场影响力和竞争力。市场拓展部首先会通过深入的市场调研，分析畜牧兽医行业的发展趋势、市场需求和竞争态势，为组织制订市场策略提供决策依据。同时，该部门还会密切关注市场动态，及时调整市场策略，确保能够迅速应对市场变化。在品牌推广方面，市场拓展部会制订全面的品牌传播计划，利用广告、公关活动、社交媒体等多种渠道，提升组织的知名度和美誉度。通过与行业媒体、专业展会等平台的合作，能够更好地展示自身的专业实力和服务优势，吸引更多潜在客户的关注。此外，市场拓展部还负责与合作伙伴建立和维护良好的合作关系，共同拓展市场。通过与政府、行业协会、科研机构等的合作，能够共享资源、互通有无，实现互利共赢。

（二）学术研究服务

1. 科研项目开展

（1）立项机制：根据行业需求和发展趋势，确定研究方向和课题

立项机制是学术研究部在确定科研项目时的核心指导原则。深知，只有紧密围绕行业需求和发展趋势，才能确保研究工作的实际意义和前瞻性。因此，在立项过程中，会密切关注国内外畜牧兽医行业的最新动态，结合国内外市场需求、技术瓶颈以及行业发展趋势，进行深入分析和综合评估。通过这一机制，能够确保研究方向和课题既符合行业发展的迫切需求，又能够引领未来的技术潮流，为行业的可持续发展提供有力支撑。

（2）研究方法：运用现代科研手段和技术，进行实证研究和分析

在进行学术研究时，始终坚持运用现代科研手段和技术，以确保研究结果的准确性和前沿性。充分利用分子生物学、生物信息学、大数据分析等现代科研工具，结合实地调研和实验验证，对畜牧兽医领域的关键问题进行深入研究和分析。通过定量和定性相结合的研究方法，力求揭示现象背后的本质规律，为行业的科技创新和进步提供科学依据。这种严谨而系统的研究方法，使研究成果更具说服力和实用性，为行业的健康发展贡献智慧和力量。

2. 学术成果分享

（1）发表论文：在国内外学术期刊上发表研究成果

发表论文是学术研究部展示研究成果、推动学术交流的重要途径。鼓励团队成员积极撰写学术论文，将他们在畜牧兽医领域的创新研究、技术突破和实验验证的成果分享给国内外的

同行和学者。通过与国内外知名学术期刊的合作，论文能够经过严格的同行评审，确保其学术水平和研究质量。这些论文的发表不仅提升了在行业内的学术影响力，也为全球畜牧兽医领域的科技进步和学术繁荣作出了积极贡献。

（2）举办研讨会：定期组织学术交流和研讨活动，分享最新研究成果

定期举办研讨会是学术研究部促进学术交流和知识共享的重要手段。深知，只有通过充分的学术讨论和思想碰撞，才能激发创新灵感，推动畜牧兽医领域的研究不断向前发展。因此，定期组织国内外专家学者、行业从业者等参与学术研讨会，分享最新的研究成果、技术和经验。这些活动不仅提供了一个展示和交流的平台，还促进了不同领域、不同文化背景的专业人士之间的深度交流和合作，为行业的创新和发展注入了新的活力。

3. 科研团队建设

（1）人才引进：吸引和培养高水平的畜牧兽医科研人才

人才引进是学术研究持续发展的重要保障。为了吸引和培养高水平的畜牧兽医科研人才，积极与国内外知名高校和研究机构建立紧密合作关系，通过项目合作、学术交流等方式，吸引优秀人才的加入。同时，还为人才提供良好的工作环境和福利待遇，以及广阔的发展空间和职业规划，激发他们的创新潜能和工作热情。这些举措不仅提升了团队的整体实力，也为行业的科技进步和人才培养作出了积极贡献。

（2）团队协作：建立多学科背景的科研团队，促进跨学科合作

团队协作是学术研究部取得卓越成果的关键所在。为了充分发挥不同学科的优势，建立了多学科背景的科研团队，汇集

了生物学、兽医学、农业工程等多个领域的专家学者。这种跨学科的合作模式，能够从多角度、多层次深入研究畜牧兽医领域的复杂问题。团队成员之间的深入交流和紧密合作，不仅促进了知识的融合和创新，还培养了团队成员的综合素质和团队协作精神。这种团队协作的方式，使研究工作更具前瞻性和影响力，为行业的科技进步和创新发展提供了强有力的支撑。

四、畜牧兽医技术社会化服务合作社与协会型服务组织

（一）合作社型服务组织

1. 组织特点

合作社型服务组织是一种基于共同利益和自愿参与原则的组织形式，它汇聚了养殖户、兽医、饲料商等畜牧兽医产业链上的多个相关主体。这种组织形式之所以受到广泛认可，是因为它具有很强的自发性和自主性。成员们根据自身需求和实际情况，共同制订组织章程和运作规则，实现资源共享和风险共担。通过合作社，养殖户可以获得更加及时和专业的技术指导，提升养殖效益；兽医和饲料商则能够更精准地了解市场需求，优化产品和服务。此外，合作社还成了一个重要的信息交流平台，成员们可以分享经验、交流技术，共同应对市场变化和行业挑战。这种紧密结合实际需求的服务模式，不仅提高了资源利用效率，还促进了产业链各环节的协同发展，为成员带来了实实在在的利益。

2. 服务内容

合作社型服务组织在畜牧兽医领域中发挥着不可或缺的作用。它们以养殖户的需求为出发点，提供了一系列针对性强的

服务。首先，技术指导与培训是合作社的核心服务之一。通过组织定期的技术培训，邀请专家进行现场指导，帮助养殖户解决养殖过程中遇到的技术难题，提高他们的养殖技术和防疫能力。其次，合作社还负责饲料、兽药等物资的统一采购和供应。通过与供应商建立长期合作关系，合作社能够确保养殖户以更优惠的价格获得高质量的物资，从而降低养殖成本，提高效益。此外，合作社还致力于市场信息共享。通过收集和分析市场数据，向养殖户提供准确的市场信息，帮助他们把握市场动态，调整养殖结构，以应对市场变化。最后，联合销售也是合作社的一项重要服务。通过统一销售渠道，合作社能够帮助养殖户将产品推向市场，提高产品的市场竞争力，实现更好的经济效益。这些服务不仅提升了养殖户的生产能力，也促进了畜牧业的可持续发展。

3. 运作机制

合作社型服务组织实行民主管理，这种管理方式确保了每个成员都有参与决策的权利和机会。成员大会作为最高权力机构，其角色至关重要。在这个大会上，成员们共同商讨和制订合作社的章程，选举产生理事会和监事会。理事会是合作社的日常工作管理机构，他们负责执行成员大会的决议，监督合作社的运营，并确保合作社的目标得以实现。而监事会则对理事会的工作进行严格的监督，确保合作社的运作公开、透明，防止任何形式的滥用职权或不当行为。除了理事会和监事会，合作社还会根据实际情况设立技术、采购、销售等专门委员会。这些委员会由具有专业知识和经验的成员组成，他们负责处理与各自领域相关的具体业务。例如，技术委员会提供养殖技术和防疫方面的指导，采购委员会负责物资的采购和供应，销售委员会则专注于市场信息的收集和产品的销售。这种分工明确、职责清晰的组织结构，使得合作社能够高效、有序地开展工作，满足成员的各种需求。

（二）协会型服务组织

1. 组织特点

协会型服务组织在畜牧兽医领域扮演着重要的角色。这种组织形式汇集了行业内的企事业单位、专家学者等各界精英，他们共同致力于推动畜牧兽医行业的持续健康发展。协会的宗旨明确，即为会员提供高质量的信息交流、技术咨询和政策解读等服务，从而促进行业内的资源共享和合作共赢。协会型服务组织具有较强的行业性和专业性，其成员通常具备深厚的行业背景和专业知识。这使得协会能够提供权威、专业的服务，为会员解决生产、经营和技术等方面的难题。同时，协会还扮演着行业与政府之间的桥梁和纽带角色，及时传递行业诉求，参与政策制订和修订，为行业的健康发展提供有力的政策保障。

2. 服务内容

协会型服务组织在畜牧兽医领域发挥着举足轻重的作用。它们不仅组织行业内的学术交流和技术研讨活动，推动技术创新和进步，还深入开展行业调研和统计分析工作，为政府决策和企业经营提供重要的参考依据。此外，协会还积极参与行业标准和规范的制订，推动行业的规范化发展，确保行业的健康、有序运行。值得一提的是，协会型服务组织还致力于维护会员的合法权益。它们通过建立有效的协调机制，解决会员之间的纠纷和矛盾，营造一个和谐、稳定的行业发展环境。同时，协会还积极与政府、企业等各方沟通合作，为会员争取更多的政策支持和市场资源，促进会员的共同发展。这些服务的提供，使得协会型服务组织在畜牧兽医行业中扮演着不可或缺的角色。

它们不仅是行业发展的推动者和引领者，更是会员利益的守护者和代言人。通过协会的努力，畜牧兽医行业得以持续健康发展，为社会的繁荣和进步作出积极贡献。

3. 运作机制

协会型服务组织的管理架构通常采取会员制，确保每个会员都能参与到协会的管理与决策过程中。会员大会，作为协会的最高权力机构，负责制订协会章程、选举理事会等重要职责。理事会在会员大会的授权下，负责协会的日常工作，包括策划和组织各类学术交流、技术研讨活动，发展新的会员，以及为协会筹集必要的运营资金。为了更好地服务会员和推动行业发展，协会还会根据实际需要设立专业委员会、工作委员会等分支机构。这些分支机构由具有丰富经验和专业知识的会员组成，负责具体业务的开展，如制订行业标准、开展行业调研、提供技术咨询等。协会的运营资金主要来源于会员缴纳的会费、社会各界的捐赠以及政府的资助。这些资金用于支持协会的各项活动，确保协会的正常运转和持续发展。通过合理、透明的财务管理，协会能够确保每一分钱都用在刀刃上，为会员和行业提供最优质的服务。

第二节　组织运行机制分析

一、畜牧兽医技术社会化服务组织构成与管理机制

（一）组织基本架构

1. 会员制度与管理

（1）会员资格

明确会员的资格标准是确保畜牧兽医技术社会化服务组织专

业性和权威性的重要前提。为了吸引和汇聚行业内的优秀力量，会员资格标准设定如下：首先，欢迎从事畜牧兽医相关领域的企事业单位加入，这包括兽药研发与生产、饲料生产与供应、动物疾病诊断与治疗等各类企业，以及从事相关科研、教育、技术推广等事业单位。其次，也积极邀请在畜牧兽医领域有深厚学术造诣或实践经验的专家学者成为会员。这些专家学者的加入将为组织提供宝贵的智力支持和专业指导。通过明确并严格执行这些会员资格标准，将打造一个高质量、高水平的畜牧兽医技术社会化服务组织，为推动行业发展和提升服务质量贡献力量。

（2）会员权利与义务

为了确保畜牧兽医技术社会化服务组织的稳健运营和持续发展，明确规定了会员享有的权利和应履行的义务。作为会员，将享有以下权利：首先，会员有权利参与组织的决策过程，通过会员大会等方式对重大事项发表意见和投票表决。其次，会员将有权享受组织提供的各类服务，包括但不限于技术咨询、培训、行业交流等。此外，会员还有权获取组织发布的行业资讯、政策解读等，以便更好地把握市场动态和政策方向。同时，作为会员，会员也有义务支持组织的运营和发展。首先，会员需要按时缴纳会费，以支持组织的日常运营和活动开展。其次，会员应积极参与组织的各项活动，为行业的发展贡献自己的力量。最后，会员还有义务维护组织的声誉和形象，不做损害组织利益的行为。

（3）会员发展策略

制订会员发展策略是畜牧兽医技术社会化服务组织持续发展的关键环节。为了积极吸纳符合条件的会员并扩大组织影响力，将采取一系列措施。首先，将通过市场调研和行业需求分析，明确目标会员群体，并制订针对性的招募计划。其次，将加大宣传力度，利用行业媒体、社交媒体等渠道，广泛传播组织的宗旨、服务内容和成功案例，提高组织的知名度和吸引力。此外，还将主动与潜在会员建立联系，通过邀请参观、组织座谈等方式，让他们深入了解组织的运作模式和会员权益，从而激发其加入组织的意愿。通过这些措施的实施，期待能够吸引更多优秀会员的加入，共同推动畜牧兽医行业的繁荣和发展。

2. 理事会与监事会职责

（1）理事会

作为畜牧兽医技术社会化服务组织的理事会，肩负着组织日常工作的重任。为了确保工作的有序进行，会精心制订详细且可执行的工作计划。这一计划将围绕服务畜牧兽医行业的目标，涵盖技术研发、行业交流、政策解读等关键领域，旨在推动行业的持续进步。同时，理事会还将严格监督项目的执行情况，确保资源得到高效利用，项目目标得以顺利实现。在遇到重大事项时，理事会将充分发扬民主集中制的原则，广泛听取会员意见，审慎决策，以维护组织的整体利益和长远发展。通过这些举措，坚信能够推动组织不断向前发展，为畜牧兽医行业贡献更多的智慧和力量。

（2）监事会

监事会在畜牧兽医技术社会化服务组织中扮演着至关重要的角色。它负责对理事会工作的全面监督，确保组织的决策过程公正、透明，符合法律法规和行业规范。监事会通过定期审查理事会的决策文件、财务报告和项目执行情况，确保组织的运营合法、合规。此外，监事会还密切关注组织可能面临的风险，如财务风险、道德风险、法律风险等，并及时向理事会提出预警和建议，帮助组织防范和应对潜在风险。通过监事会的有效监督，能够保障组织的稳健运营和持续发展，为会员和行业提供更加可靠、高效的服务。

3. 专业委员会与工作委员会设置

（1）专业委员会

为了更好地满足行业特点和业务需求，畜牧兽医技术社会化服务组织决定设立不同的专业委员会。这些委员会将根据各自领域的专业性和特点，深入研究和探讨相关技术、政策和市场趋势，为会员和行业提供精准、高效的服务。每个委员会将由具有丰富经验和深厚学术造诣的专家学者领衔，汇聚行业内的精英力量，共同推动相关领域的创新和发展。通过这些专业委员会的设立和运作，将更好地满足会员和行业的多元化需求，提升组织的服务水平和行业影响力，为畜牧兽医行业的持续健康发展贡献更大的力量。

（2）工作委员会

工作委员会在畜牧兽医技术社会化服务组织中扮演着至关重要的角色，它负责处理组织的日常事务，确保组织运营的有序进行。具体而言，工作委员会承担着会员管理的任务，包括新会员的招募、会员信息的更新与维护，以及会员关系的协调与沟通。此外，工作委员会还负责活动的策划与组织，包括行业交流会议、技术研讨会等，以促进会员间的合作与交流。同时，宣传推广也是工作委员会的重要职责之一，通过多种渠道和方式，宣传组织的宗旨、服务内容以及行业动态，提升组织的知名度和影响力。工作委员会的辛勤工作，为组织的稳健发展提供了有力保障。

（二）决策机制

1. 会员大会决策流程

（1）提案征集

为了确保畜牧兽医技术社会化服务组织能够紧密贴合行业

发展需求,积极向会员征集提案,广泛收集行业发展建议和需求。通过这一环节,期望能够汇聚会员们的集体智慧,深入了解行业的痛点和需求,从而为组织的工作提供有力的指导。在征集提案的过程中,鼓励会员们从各自的专业领域出发,结合实践经验和对行业的深入理解,提出具有创新性和可行性的建议。这些提案可能涉及新的技术研发、服务模式创新、市场拓展策略等方面,旨在推动畜牧兽医行业的持续发展和进步。

(2)审议与表决

在畜牧兽医技术社会化服务组织中,对提案进行审议和决策是确保组织发展和行业进步的关键环节。为了确保决策的公正、透明和高效,采取投票或举手表决等方式对提案进行审议。在审议过程中,首先会组织一个由理事会成员和专业委员会代表组成的审议小组,对提案进行深入的讨论和研究。审议小组会评估提案的可行性、创新性和潜在影响,以确保决策的科学性和合理性。接下来,会通过投票或举手表决的方式,让会员们对提案进行表决。为了确保表决的公正性,会制订明确的表决规则,并确保所有会员都有平等的机会参与表决。

(3)决策执行

决策执行是确保畜牧兽医技术社会化服务组织决策有效实施的关键环节。为了确保决策得以顺利执行,将采取一系列措施。首先,将明确决策执行的责任主体,确保有专门的团队或个人负责决策的具体执行工作。其次,将制订详细的执行计划,明确执行的具体步骤、时间节点和资源需求,以确保执行过程的有序进行。同时,还将建立执行监督机制,对决策执行过程进行定期检查和评估,确保执行结果符合预期。此外,还将加强与会员和行业的沟通与协调,及时收集反馈意见,对执行过程中出现的问题进行及时调整和改进。通过这些措施的实施,将确保决策的有效执行，推动畜牧兽医技术社会化服务组织的持续发展。

2.理事会决策权与执行权分离

（1）决策权

在畜牧兽医技术社会化服务组织中，决策权的核心在于确保决策的科学性和合理性，而这正是理事会肩负的重任。理事会作为组织的决策机构，汇聚了来自不同领域和背景的专业人士，他们拥有丰富的经验和深厚的专业知识，为决策提供了坚实的智力支持。在决策过程中，理事会始终秉持科学、公正、透明的原则，对各项提案进行深入的分析和评估。他们充分听取各方面的意见和建议，确保决策能够全面反映行业的需求和会员的利益。同时，理事会还注重决策的可行性和长远影响，力求为组织的稳健发展奠定坚实的基础。

（2）执行权

在畜牧兽医技术社会化服务组织中，决策的高效执行至关重要，因此设立了专门的执行机构，并指定专人负责执行决策，以确保决策能够迅速而准确地转化为实际行动。执行机构由经验丰富的团队成员组成，他们具备高效的组织和协调能力，能够迅速响应并执行理事会的决策。同时，还指定了专门的负责人，他们具备卓越的执行力和判断力，能够确保决策得到准确而高效地执行。为了确保决策执行的顺利进行，还建立了与执行机构相配套的监督机制和沟通渠道。通过定期的监督和评估，能够及时发现问题并进行调整，确保决策执行的效果符合预期。同时，也鼓励执行机构与会员和行业保持紧密的沟通，以便及时反馈执行进展和解决问题。

（三）监督与评估

1. 监事会监督职能

（1）日常监督

日常监督是确保畜牧兽医技术社会化服务组织稳健运营的重要环节。为了保障组织活动的合规性和规范性，设立了专门的监督机构，负责对组织的日常运营进行全面而细致的监督。监督机构会定期对组织的各项工作进行检查和审核，包括但不限于财务管理、活动策划、会员管理等方面。他们通过查阅相关文件、听取汇报、实地考察等方式，确保组织的运营活动符合法律法规和行业规范，并及时发现和纠正可能存在的问题。同时，监督机构还会与理事会保持密切沟通，及时报告监督情况，并提出改进意见和建议。他们的工作不仅确保了组织的日常运营合规有序，也为组织的持续发展提供了有力保障。

（2）专项监督

专项监督在畜牧兽医技术社会化服务组织中起着不可或缺的作用。当组织面临特定项目或重要决策时，专项监督能够确保这些任务按照既定的计划和要求得到精确执行。为了实施专项监督，会组建一个专门的监督小组，该小组由经验丰富的专业人士组成，他们具备相关领域的知识和技能，能够对特定项目或决策进行深入的分析和评估。监督小组会定期跟踪项目的进展情况，对比实际执行与计划之间的差异，并及时向理事会报告。在监督过程中，如果发现任何偏差或问题，监督小组会立即与执行团队沟通，并提出改进建议。这种及时的反馈和干预能够确保项目或决策得到及时调整，以符合预期的目标和要求。

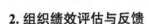
2. 组织绩效评估与反馈

（1）绩效评估

绩效评估是畜牧兽医技术社会化服务组织持续改进和发展的重要手段。为了全面了解组织的工作绩效，定期对其进行评估。评估的内容涵盖了项目完成情况、会员满意度等多个方面，以确保评估结果的全面性和客观性。在项目完成情况方面，关注项目的进度、质量以及达成预期目标的情况。通过对比分析项目计划和实际执行情况，能够及时发现项目执行中的问题，并采取相应措施进行调整和改进。在会员满意度方面，通过问卷调查、访谈等方式收集会员的反馈意见，了解他们对组织工作的满意度以及期望和需求。会员的满意度是衡量组织工作绩效的重要指标之一，也是不断改进工作的重要依据。

（2）反馈机制

为了确保畜牧兽医技术社会化服务组织能够持续改进并满足会员和行业的需求，建立了完善的反馈机制。这一机制旨在及时收集会员和行业对组织工作的意见和建议，为改进工作提供有力依据。通过多种渠道收集反馈，包括在线调查、电话访谈、面对面交流等，确保能够全面、准确地了解会员和行业的真实想法。同时，设立了专门的反馈处理小组，负责整理和分析收集到的反馈信息，识别问题和需求，并提出相应的改进措施。反馈机制的建立不仅增强了组织与会员和行业之间的互动和沟通，也为组织的持续改进提供了有力支持。将不断关注会员和行业的反馈，及时调整工作策略和方法，确保组织工作始终与会员和行业的需求保持高度一致。

二、畜牧兽医技术社会化服务组织内容与提供方式

（一）技术指导与培训

技术指导与培训作为组织的核心服务之一，深知其对于会员和行业的重要性。为了确保培训的质量和效果，专门组建了一支技术专家团队，这些专家都是畜牧兽医领域的资深人士，他们不仅具备丰富的实践经验，还拥有深厚的专业知识。他们的任务是确保培训内容始终站在行业的前沿，并且紧密贴合会员的实际需求。在设计培训内容时，专家团队会定期进行市场调研，了解行业的最新动态和会员的实际需求。他们会根据这些信息，结合自身的专业知识，设计出既具有前瞻性又实用的培训内容。同时，还会根据会员的反馈，对培训内容进行持续优化和调整，确保培训的针对性和实效性。在培训形式上，采取线上和线下相结合的方式，以满足不同会员的学习需求。线上培训通过视频课程、在线讲座等形式进行，这些课程可以随时随地进行学习，方便会员根据自己的时间安排进行学习。而线下培训则通过举办研讨会、培训班等活动进行，这些活动为会员提供了与专家面对面交流的机会，让会员能够在实践中学习和掌握知识。

（二）物资供应与采购

物资供应与采购在畜牧兽医技术社会化服务组织中占据着举足轻重的地位，它是确保会员正常运营和行业持续发展的关键环节。为了确保提供的物资既满足会员需求，又具备高品质和竞争力，进行了深入的需求分析。通过收集会员的反馈和实地考察，了解到会员在物资需求方面的具体要求和期望。基于

这些信息，制订了精准的采购策略，旨在确保采购的物资既符合行业标准，又能在价格和质量上达到最优平衡。为了保障物资的稳定供应和质量可靠，与多家优质供应商建立了长期稳定的合作关系。这些供应商都经过严格的筛选和评估，确保他们能够提供符合要求的高质量物资。同时，还建立了完善的供应商管理制度，定期对供应商的服务质量、产品质量等方面进行评估，确保采购的物资始终来源可靠、质量稳定。除了优质的物资供应，还提供物资配送服务，确保物资能够及时、准确地送达会员手中。拥有专业的物流团队和完善的配送网络，能够根据会员的需求和地理位置，制订合理的配送方案。通过高效的物流管理和精准的配送服务，确保会员能够在最短的时间内获得所需的物资，从而保障他们的正常运营和发展。

（三）政策解读与咨询服务

政策解读与咨询服务在畜牧兽医技术社会化服务组织中扮演着至关重要的角色。随着行业的快速发展和政策环境的不断变化，会员们面临着越来越多的政策挑战和困惑。为了帮助会员更好地理解和适应政策环境，组织专门提供政策解读与咨询服务。团队密切关注畜牧兽医行业的政策动态，及时收集并解读相关政策法规。通过与政府部门的紧密合作和与行业内专家的深入交流，能够获取到最新、最全面的政策信息。会对这些信息进行深入分析和解读，帮助会员了解政策的具体内容、政策背后的意图以及政策对行业发展的影响。除了政策解读，还为会员提供政策咨询服务。专业团队具备丰富的政策知识和实践经验，能够为会员提供个性化的政策解答和解决方案。无论是会员在政策执行过程中遇到的问题，还是对政策条款的疑问，都会给予及时、准确的回复和建议。

三、畜牧兽医技术社会化服务组织资金筹措与运营管理

（一）资金来源

1. 会费收入

作为组织的核心收入来源之一，会费收入扮演着至关重要的角色，它不仅为组织提供了稳定的经费支持，更是提供持续、高质量服务的重要保障。为了确保会费收入的合理性和可持续性，根据会员的不同类型和等级，精心制订了会费标准。这些标准综合考虑了会员的权益、义务以及组织提供的服务成本等因素，确保了会员在享受服务的同时，也能分担组织运营的成本。为了确保会费的及时收取和记录，引入了先进的会员管理系统。该系统能够自动追踪会员的会费缴纳情况，及时提醒未缴纳会费的会员，确保资金流的稳定。同时，系统还能够详细记录每一笔会费的来源和去向，保证财务的透明度和规范性。

2. 捐赠与赞助

仅靠会费收入难以支撑组织的全面发展和服务的持续提升，因此，积极寻求社会各界的捐赠与赞助成为工作的重要一环。通过与企业、机构和个人建立紧密的合作关系，不仅能够获得更多的资金支持，还能够拓展组织的影响力和资源网络。在与企业的合作中，注重寻找与畜牧兽医行业相关或具有社会责任感的企业，通过签订合作协议，实现互利共赢。这些企业不仅为组织提供资金支持，还能够提供技术支持、人才培养等多方面的帮助。同时，还积极与机构和个人建立联系，鼓励他们通过捐赠和赞助的方式支持组织的发展。这些捐赠与赞助的资金，将主要用于支持组织的各项服务和项目。无论是开展技术培训、

推广先进技术，还是组织行业交流、推动政策研究，都离不开这些宝贵的资金支持。通过合理利用这些资金，将不断提升服务质量和项目效果，为行业的持续发展注入新的动力。

3. 政府资助与项目经费

政府资助与项目经费对于组织发展至关重要。深知，政府的支持和引导对于行业的进步和发展具有不可替代的作用。因此，始终密切关注政府的相关政策和资金支持计划，确保能够在第一时间获取并利用这些宝贵的资源。为了成功申请到政府资助和项目经费，组织内部设立了专门的团队，负责研究政策走向、解读申请要求，并与政府部门保持紧密的沟通。团队不仅具备丰富的项目申报经验，还具备深厚的行业背景，确保申请的项目与政府的资助方向高度契合。

（二）财务管理与预算

1. 财务制度建立

为了确保资金使用的合规性、透明度和高效性，制订了一套详尽的财务管理制度。这套制度覆盖了资金收支管理、成本核算以及财务报告等多个关键环节，为组织的财务运作提供了全面的指导和规范。在资金收支管理方面，严格实行收支两条线，确保所有收入及时、准确地入账，并严格按照预算和计划进行支出。同时，还建立了严格的审批流程，确保每一笔资金的使用都经过合理的审批和监督。在成本核算方面，遵循会计准则和行业规范，对各项费用进行准确核算和分摊，确保成本的真实性和合理性。这不仅有助于了解项目的盈利情况，还为未来的决策提供了有力的数据支持。财务报告是财务管理的重要组成部分。定期编制财务报告，全面反映组织的财务状况、经营成果和现金流量。这些报告不仅为内部管理层提供了决策依据，也为外部投资者和合作伙伴提供了透明的财务信息。

2. 年度预算制订与执行

年度预算的制订与执行，是确保组织战略目标得以实现、资源得到高效配置的关键环节。在预算制订过程中，紧密结合组织的战略目标和实际需求，深入分析各项服务和项目的成本结构，确保预算的合理性和可行性。预算的制订不仅关注整体投入，更注重资金在不同项目和服务间的优化配置，以最大化地满足会员和行业的需求。预算一旦确定，便严格按照预算执行，确保资金按计划有序流动。在预算执行过程中，建立了一套监督和评估机制，定期对预算执行情况进行检查和分析。这种机制不仅关注预算是否得到严格执行，更重视资金使用的效果和效益。通过定期评估，能够及时发现预算执行中的偏差和问题，并采取相应措施进行调整和优化，确保预算的合理性和有效性。此外，还鼓励内部部门间的沟通与协作，确保预算在执行过程中得到充分的支持和配合。通过跨部门的信息共享和资源整合，能够更好地协调资源、优化流程，提升整体运营效率。

（三）运营效率评估

1. 资源利用效率分析

为了深入了解组织的运营状况并持续优化资源配置，定期对组织的资源使用情况进行全面分析。这种分析不仅关注单一资源的利用效率，更着眼于整体资源的协同作用。在人力资源方面，分析员工的工作效率、专业能力以及团队合作的效能，旨在找出潜在的瓶颈和浪费。通过培训和激励措施，努力提升员工的技能和积极性，促进人力资源的最大化利用。物资资源方面，关注物资的采购、存储和使用流程。通过优化库存管理、减少浪费和损失，以及提高物资的再利用率，力求实现物资资源的最大化效益。在时间资源方面，分析项目执行的效率、会议的有效性和日常工作的流程。通过优化时间管理、减少无效沟通和不必要的任务，努力提升工作效率，确保时间资源得到合理分配和利用。

2. 服务满意度调查

会员和行业的反馈与评价，对于持续改进服务、提升组织竞争力具有至关重要的作用。为了深入了解会员的满意度和期望，定期开展服务满意度调查，确保能够及时捕捉到会员的真实声音。在调查过程中，精心设计问卷，涵盖服务的各个方面，确保调查结果的全面性和准确性。同时，采用多种方式收集反馈，如在线问卷、电话访谈、面对面交流等，以充分尊重会员的参与意愿和便利性。每次调查结束后，都会对收集到的数据进行深入分析，查找服务中的短板和潜在问题。针对这些问题，制订具体的改进措施，并在组织内部进行分享和讨论，确保改进措施的实施得到广泛的认同和支持。

第三节　组织体系的优化策略

一、畜牧兽医技术社会化服务体系现状

（一）畜牧兽医技术社会化服务的主体

1. 政府及其相关部门

政府作为畜牧兽医技术社会化服务体系的政策制订者和监管者，发挥着至关重要的作用。它不仅为服务体系提供方向指导，还通过资金支持和监管措施确保其健康、有序发展。在政

策制订方面，政府会结合畜牧业发展现状和市场需求，制订一系列针对性的政策，如技术推广政策、资金扶持政策等，以引导和激励服务主体积极参与畜牧兽医技术服务。农业农村部门、科技部门等政府机构会紧密协作，共同研究和制订这些政策，确保它们符合行业实际和长远发展规划。同时，政府还会通过财政补贴、项目支持等方式，为服务主体提供必要的资金支持。这些资金可以用于基础设施建设、技术研发、人才培养等多个方面，帮助服务主体提升服务能力和水平。

2. 畜牧兽医技术服务机构

这些机构，尤其是各级畜牧兽医站和动物疫病预防控制中心，在畜牧兽医技术社会化服务体系中扮演着至关重要的角色。它们不仅拥有专业的技术团队，这些团队由经验丰富的兽医、技术员和专家组成，还配备了先进的设施和设备，以支持各种技术服务的需求。这些机构的主要职责是提供技术咨询，针对养殖户在养殖过程中遇到的问题，提供专业的解决方案和建议。此外，它们还负责疫病防治工作，包括疫病的监测、预警和控制，确保动物健康和生产安全。同时，这些机构还定期组织培训活动，提高养殖户的技术水平和养殖效益。

3. 高校和科研机构

这些机构，如高校和科研机构，是畜牧兽医技术社会化服务体系中不可或缺的智力支持。它们通过深入的科学研究，不断推动畜牧兽医领域的技术创新和知识更新。同时，这些机构还承担着人才培养的重要使命，为行业输送了大量的专业人才。这些机构和其科研人员，通过持续的努力和投入，取得了众多科研成果。这些成果不仅丰富了对畜牧兽医技术的认知，还为实际生产提供了有力支持。例如，通过科研成果的转化，一些新技术、新方法和新产品得以应用于畜牧业生产中，有效提高了养殖效益和动物健康水平。

4. 畜牧兽医企业和合作社

这些企业和合作社在畜牧兽医技术社会化服务体系中扮演着重要的角色。它们通过提供一系列的产品和服务，直接支持养殖户的生产活动，并推动畜牧业的持续发展。在产品供应方面，这些企业和合作社为养殖户提供了高质量的兽药、饲料和养殖设备。这些产品经过严格的质量控制和检验，确保了其安全性和有效性，为养殖户提供了可靠的保障。除此之外，这些企业和合作社还提供技术咨询和培训服务。它们拥有专业的技术团队，可以为养殖户提供个性化的技术指导和解决方案。通过培训活动，它们帮助养殖户提升养殖技能和管理水平，提高了整体养殖效益。

5. 个体兽医和技术人员

这些个体兽医和技术人员是畜牧兽医技术社会化服务体系中的重要力量。他们凭借深厚的专业知识和丰富的实践经验，为养殖户提供了宝贵的现场指导和疾病诊断治疗服务。在日常工作中，他们经常穿梭于各个养殖场户之间，现场查看动物病情，提出针对性的治疗方案，确保病情得到及时控制和治疗。同时，他们还根据养殖户的需求，提供个性化的技术咨询和养殖管理建议，帮助他们提高养殖效益和动物健康水平。个体兽医和技术人员的服务，不仅解决了养殖户在遇到动物疾病时的燃眉之急，也为畜牧业的健康发展提供了有力支持。他们的专业知识和实践经验，成为养殖户信赖的宝贵财富。

（二）畜牧兽医技术社会化服务的辅体

1. 行业协会和中介机构

这些组织，如行业协会和中介机构，在畜牧兽医技术社会化服务体系中发挥着桥梁和纽带的作用。它们通过搭建平台、促进信息交流、组织培训等多种方式，为服务主体和养殖户之间建立了紧密的联系。一方面，这些组织积极收集、整理和发布行业内的最新技术、市场信息和政策动态，帮助服务主体和养殖户及时了解行业动态和市场需求。另一方面，他们还组织各种形式的培训活动，提升养殖户的技术水平和市场意识，促进技术推广和成果转化。通过这些组织的努力，畜牧兽医技术社会化服务体系得以更加高效地运转，服务主体和养殖户之间的联系更加紧密，技术推广和成果转化更加顺畅。这不仅推动了畜牧业的持续健康发展，也为乡村振兴和农业现代化作出了积极贡献。

2. 金融机构

金融机构在畜牧兽医技术社会化服务体系中扮演着至关重要的角色，为服务主体和养殖户提供了必要的资金支持。他们通过提供贷款、保险等金融服务，帮助解决了畜牧业发展中的资金瓶颈问题。针对养殖户的贷款服务，金融机构推出了多种贷款产品，以满足不同养殖户的需求。这些贷款产品通常具有较低的利率和灵活的还款方式，使得养殖户能够轻松获得所需的资金。这些资金可以用于购买饲料、兽药等生产资料，提高养殖效益；也可以用于改进养殖设施、提升技术水平，进一步推动畜牧业的发展。此外，金融机构还提供了针对畜牧兽医技术社会化服务主体的贷款和保险服务，支持他们进行技术研发、推广和市场开拓等活动。这些金融服务不仅为服务主体提供了资金支持，还降低了他们的风险负担，促进了服务的持续优化和提升。

3. 媒体和宣传机构

这些机构，如媒体和宣传机构，在畜牧兽医技术社会化服务体系中扮演着至关重要的角色。他们通过宣传报道、发布技术信息、普及科学知识等方式，积极向公众传递畜牧兽医技术的相关知识和信息，帮助提高公众对这一领域的认知和理解。在宣传报道方面，这些机构会定期发布关于畜牧兽医技术的最新进展、行业动态和成功案例等内容，吸引公众的关注和兴趣。同时，他们还会组织专题报道和访谈，邀请行业专家进行深入解读和分析，为公众提供更加全面和深入的了解。此外，这些机构还会通过发布技术信息、普及科学知识等方式，帮助推广新技术、新方法和成功经验。他们会组织各种形式的宣传活动，如科普讲座、展览展示等，让更多的人了解和应用这些先进技术，促进畜牧业的健康发展。

4. 社会组织和志愿者

社会组织和志愿者在畜牧兽医技术社会化服务中扮演着不可忽视的角色。他们不仅为服务提供了额外的支持，还为养殖户带来了实实在在的帮助。这些社会组织和志愿者积极参与技术推广、培训和咨询等活动，通过现场指导、在线解答等方式，为养殖户提供了及时、专业的服务。他们不仅传授养殖技术，还分享成功经验，帮助养殖户解决实际问题。此外，社会组织和志愿者还通过捐赠、义务服务等方式，为养殖户提供了物资和精神上的支持。他们捐赠兽药、饲料等物资，帮助养殖户渡过难关；他们还组织义卖、募捐等活动，为养殖户筹集资金，助力他们发展生产。

二、畜牧兽医技术社会化服务体系面临的问题

（一）缺乏发展配套政策，财政资金投入不足

目前，畜牧兽医技术社会化服务体系已经初步形成，为畜

牧业的持续健康发展提供了有力支持。然而，与这一服务体系相配套的政策体系却尚不完善，这在很大程度上限制了服务体系的进一步发展。政策是推动任何领域发展的重要驱动力，尤其在畜牧兽医技术社会化服务这一复杂且多元化的领域中，政策的引导和激励作用尤为关键。缺乏明确和有力的政策指导，不仅可能导致服务体系的运行出现混乱，还可能阻碍新技术和新方法的推广应用。与此同时，财政资金的投入不足也是制约服务体系发展的一个重要因素。畜牧兽医技术社会化服务涉及多个环节和方面，如技术研发、人才培养、基础设施建设等，这些都需要大量的资金支持。然而，目前财政资金的投入远远不能满足这些需求，导致一些重要的服务项目难以开展，甚至不得不暂停或取消。这不仅影响了服务的质量和效果，还可能损害养殖户的利益，进而影响到畜牧业的整体发展。因此，制订和完善相关配套政策，加大财政资金投入，成为当前亟需解决的问题。

（二）服务组织相对分散，服务功能亟待提高

畜牧兽医技术社会化服务虽然在一定程度上满足了畜牧业的需求，但其组织形式却呈现出较为分散的特点，缺乏统一的管理和协调机制。这种分散性不仅导致了服务资源的碎片化，而且使得各服务组织之间的合作和协调变得困难重重。在这种背景下，服务资源无法得到有效整合，进而影响了服务效率和服务质量的提升。服务资源的碎片化使得许多宝贵的资源无法得到充分利用，造成了资源的浪费。同时，由于缺乏统一的管理和协调机制，各服务组织在提供服务时可能会出现重复或冲突的情况，这不仅增加了服务成本，还可能给养殖户带来不必要的困扰。此外，分散的组织形式还使得服务组织在面对突发

事件或重大挑战时难以形成合力，难以为养殖户提供及时、有效的支持。例如，在面对重大动物疫情时，如果各服务组织之间缺乏有效的协调机制，那么疫情的控制和扑灭工作可能会受到严重影响。因此，加强畜牧兽医技术社会化服务组织的整合和优化，提高服务功能和效率，成了当前面临的重要任务。

（三）人员文化技术偏低，服务意识亟待提升

在畜牧兽医技术社会化服务体系中，人员的文化技术水平和服务意识是至关重要的因素，直接影响着服务的质量和效果。然而，目前不得不面对一个现实，那就是一些服务人员的文化技术水平偏低、服务意识不强，这在一定程度上限制了服务体系的效能发挥，使得养殖户的需求难以得到充分满足。服务人员的文化技术水平偏低，可能导致他们无法准确理解和应用先进的畜牧兽医技术，进而影响了服务的准确性和有效性。同时，服务意识不强也使得他们在工作中缺乏主动性和责任心，难以提供周到、细致的服务。这些问题不仅影响了服务体系的整体形象，更可能损害养殖户的利益，制约畜牧业的健康发展。

（四）信息网络空白，宣传力度不够

在现代社会，随着信息技术的飞速发展，信息网络已经成为各行各业发展的重要推动力。特别是在畜牧兽医技术社会化服务领域，信息网络的普及和应用更是具有举足轻重的地位。信息网络不仅可以提供高效、便捷的信息传递渠道，还能促进技术交流和资源共享，从而推动畜牧兽医技术的不断创新和进步。然而，令人遗憾的是，目前信息网络在畜牧兽医技术社会化服务中的应用还存在明显的空白。尽管一些服务机构已经开始尝试利用信息网络来提供服务，但整体来看，信息技术的应

用广度和深度都还有待提升。这导致了许多养殖户无法及时了解到最新的畜牧兽医技术信息，更无法有效应用这些技术来提高养殖效益。同时，也必须承认，目前对于新技术和新方法的宣传力度还远远不够。很多养殖户由于缺乏足够的了解和认知，对这些新技术和新方法持有怀疑甚至抵触的态度。这不仅限制了新技术的推广和应用，也阻碍了畜牧兽医技术社会化服务的发展。

三、完善畜牧兽医技术社会化服务体系的对策

（一）理顺畜牧兽医技术社会化服务的发展思路

1. 紧密对接市场需求

服务体系的建设和发展，不能脱离实际的市场需求。为了更好地满足养殖户的期望，我们必须深入了解市场动态和养殖户的真实需求。这要求我们不仅要关注市场的宏观变化，还要深入基层，与养殖户进行面对面的交流，了解他们在养殖过程中遇到的具体问题和技术难题。通过这样的方式，我们可以确保提供的服务内容更加贴近实际，更加具有针对性。无论是提供技术指导、培训，还是推荐适用的饲料、药品，我们都能够确保每一项服务都能够真正帮助到养殖户，为他们的养殖事业带来实实在在的好处。这样，服务体系才能真正发挥其应有的作用，为畜牧业的健康发展提供坚实的支撑。

2. 坚持以养殖户利益为核心

在规划和推进畜牧兽医技术社会化服务体系的过程中，养殖户的利益是我们决策和行动的核心。这要求我们在服务过程中始终坚守公正、透明和高效的原则，确保每一项服务都能真正为养殖户带来实惠。为了实现这一目标，我们需要提供全方

位、多层次的技术支持和服务。这包括但不限于提供养殖技术咨询、疫病防控指导、饲料配方优化等。通过这些服务，我们帮助养殖户提高养殖效益，降低生产成本，增加经济收入。同时，我们还积极推广环保、节能的养殖方式，引导养殖户走上可持续发展的道路。这样，我们才能真正做到以养殖户的利益为重，推动畜牧业的健康、可持续发展。

3. 加强顶层设计和战略规划

为了确保畜牧兽医技术社会化服务体系的有序发展，我们必须加强顶层设计和战略规划。这意味着我们需要对服务体系的整体框架进行精心设计，明确其发展目标、重点任务和保障措施。通过制订详细的发展规划，我们可以确保各项政策措施能够相互协调、形成合力，从而共同推动服务体系的健康发展。在顶层设计中，我们需要充分考虑服务体系的可持续性和可扩展性，确保其能够适应未来畜牧业发展的需求。同时，我们还需要注重服务体系的创新性和灵活性，以应对市场变化和技术进步带来的挑战。通过加强顶层设计和战略规划，我们可以为畜牧兽医技术社会化服务体系的发展提供坚实的支撑和保障。

（二）健全畜牧兽医技术社会化服务的发展体系

1. 完善服务组织结构

为了实现服务资源的有效整合和合理配置，建立健全的服务组织网络显得尤为重要。这涉及构建一个多层次、全覆盖的服务体系，确保每个养殖户都能获得及时、有效的技术支持和服务。具体而言，我们需要加强基层服务站点建设，提高服务人员的专业素质和技能水平，确保他们能够为养殖户提供高质量的技术指导。同时，我们还需要搭建起服务组织之间的合作与交流平台，促进资源共享和信息互通。

2. 强化政策支撑

为了确保畜牧兽医技术社会化服务体系健康、稳定、持续地发展，制订和完善相关政策是至关重要的。这些政策不仅要针对服务体系的各个方面进行细化和规范，还要紧密结合畜牧业发展的实际需求和市场动态进行调整和优化。具体而言，政策制订者需要深入调研，充分了解养殖户的诉求和服务体系的短板，从而制订出更具针对性和操作性的政策。同时，政策的执行和监管也同样重要，需要建立有效的监督机制和评估体系，确保政策能够真正落地生根，为服务体系的发展提供坚实的政策保障。

3. 拓展服务领域

随着畜牧业的发展和市场需求的不断变化，畜牧兽医技术社会化服务必须不断拓展其服务领域，从传统的技术服务扩展到更多方面。除了提供基本的畜牧兽医技术指导和咨询，服务体系还应深入涉及饲料营养、疫病防控以及市场信息等领域。在饲料营养方面，服务团队可以为养殖户提供科学、合理的饲料配方建议，确保动物获得均衡营养，提高生产性能。在疫病防控方面，服务体系应提供及时的疫情监测、预警和应对措施，帮助养殖户有效预防和控制疫病的发生。同时，市场信息也是服务体系不可或缺的一部分，通过提供市场分析、价格预测等服务，帮助养殖户把握市场动态，做出更明智的决策。

（三）加大畜牧兽医技术社会化服务的资金投入

1. 增加财政投入

为了确保畜牧兽医技术社会化服务工作的正常开展和持续发展，各级政府应当承担起重要的财政支持角色。财政投入不仅体现在基础设施建设、设备更新和购置上，还应涵盖服务人员的培训、工资福利以及日常运营成本等方面。各级政府应充分认识到畜牧兽医技术服务在促进畜牧业健康发展、保障食品安全和维护生态环境等方面的重要性，并将其纳入财政预算的优先事项。通过加大财政投入，我们可以确保服务站点的高效运转，技术人员的稳定队伍，以及服务质量的持续提升。这将为养殖户提供更加可靠、专业的技术支持，促进畜牧业的可持续发展。

2. 引导社会资本投入

为了构建更加完善和高效的畜牧兽医技术社会化服务体系，我们必须充分利用政策引导和市场机制，吸引社会资本进入服务体系，形成多元化的投入格局。政府可以出台一系列优惠政策，如税收减免、财政补贴等，鼓励社会资本进入畜牧兽医技术服务领域。同时，通过完善相关法律法规，保护投资者的合法权益，增强社会资本的投资信心。此外，我们还应积极发挥市场机制的作用，推动服务体系的创新和发展。通过引入市场竞争机制，激发服务机构的活力和创造力，提高服务质量和效率。同时，加强与其他产业的融合与协作，拓宽服务领域和收入来源，实现服务体系的可持续发展。

（四）强化畜牧兽医技术社会化服务的科技培训

1. 加强人员培训

针对当前服务人员文化技术水平和服务意识不足的问题，开展定期的培训和教育活动显得尤为重要。这些活动不仅涵盖专业知识的更新和拓展，还包括服务态度和沟通技巧的提升。通过邀请行业专家进行现场指导，组织技术交流和经验分享会，以及举办定期的技能考核和竞赛，我们可以有效激发服务人员的学习热情，提高他们的综合素质和专业技能。同时，我们还应注重培养服务人员的创新意识和实践能力，鼓励他们在实际工作中勇于尝试新方法、新思路。通过这些措施的实施，我们相信服务人员的整体素质将得到显著提升，为畜牧兽医技术社会化服务体系的发展提供坚实的人才保障。

2. 推广先进技术

通过组织技术交流会、参加行业研讨会、建立技术合作机制等方式，可以及时获取和掌握这些先进技术。同时，结合本地实际和养殖户需求，进行技术的本土化改造和优化，确保技术的实用性和可行性。积极引进和推广先进技术，不仅能够提升服务的科技含量，还能增强养殖户对服务的信任度和满意度。这将进一步推动畜牧兽医技术社会化服务体系的发展，为畜牧业的现代化和可持续发展做出更大贡献。

（五）鼓励和支持发展畜牧兽医技术服务合作社

1. 优化合作社发展环境

为了促进其健康发展，必须致力于优化合作社的发展环境。这包括为合作社提供强有力的政策支持和精准的市场指导。政策层面，政府应出台一系列扶持政策，如税收优惠、资金扶持和项目倾斜，为合作社提供稳定的政策预期和宽松的发展空间。市场指导方面，政府应加强对合作社的市场信息服务和风险防控，引导其准确把握市场脉搏，规避经营风险。通过优化合作社发展环境，可以激发其内在活力，推动其在服务体系中发挥更大作用，为畜牧业的健康发展贡献更多力量。

2. 加强合作社间的合作与交流

合作社之间的合作与交流是推动畜牧兽医技术社会化服务发展的关键一环。通过加强合作，各合作社可以实现资源共享、优势互补，形成强大的合力，共同推动服务体系的进步。为此，应搭建起合作社间的交流与合作平台，如定期举办技术交流会、经验分享会等，促进各合作社之间的深度互动。同时，鼓励合作社之间开展项目合作、资源共享，实现优势互补，提高整体服务效能。通过加强合作与交流，各合作社可以相互学习、共同进步，形成更加紧密、高效的服务网络，为畜牧业的健康发展提供有力支撑。

第一节 人才需求分析

一、畜牧兽医技术社会化服务行业需求概况

(一)畜牧业发展现状

1. 畜牧业规模与产值

随着农业产业结构的不断调整与优化,畜牧业已经崭露头角,成为农业和农村经济的重要支柱之一。近年来,畜牧业的规模持续扩大,产值也呈现出稳健增长的态势。这一发展趋势不仅推动了农村经济的繁荣,也为畜牧兽医技术服务提供了前所未有的广阔舞台。过去,畜牧业主要以散养模式为主,但随着现代化农业的进程加速,畜牧业正逐步向规模化、集约化、标准化的方向迈进。规模化养殖提高了生产效率,集约化管理优化了资源配置,而标准化生产则确保了畜产品的质量与安全。然而,这一转变也对畜牧兽医技术服务提出了更高的要求。养殖密度的增加、疫病防控的难度加大,都使得畜牧兽医技术服务的需求日益凸显。因此,提升畜牧兽医技术服务水平,满足

现代畜牧业的发展需求，已成为当前农业发展的重要课题之一。

2. 畜牧业结构特点

畜牧业结构的多样化特点十分显著，涵盖了猪、牛、羊、禽等众多养殖类型。每一种养殖类型都有其独特的生理特点、饲养管理方式和疫病防控需求。例如，在猪养殖中，猪瘟、猪蓝耳病等疫病是重点防控对象，这些疾病一旦暴发，将对猪群健康和生产性能造成严重影响。而在牛养殖中，口蹄疫、牛结核等疾病的防治则显得尤为重要。这种多样化的养殖结构要求畜牧兽医技术服务必须具备高度的针对性和个性化。服务提供者需要深入了解不同养殖类型的特点和需求，制订出符合实际情况的疫病防控方案和治疗措施。同时，他们还需要密切关注行业动态和科技发展，不断更新和优化服务内容，以满足现代畜牧业对高效、安全、健康的发展需求。因此，畜牧兽医技术服务行业面临着巨大的挑战，但同时也孕育着无限的发展机遇。

3. 畜牧业发展趋势

随着科技日新月异的发展和人们环保意识的逐渐提高，畜牧业也迎来了转型升级的重要时期，正朝着智能化、生态化、健康化的方向迈进。智能化养殖通过引入先进的物联网、大数据等技术手段，实现了对养殖环境的精准控制和对动物健康状况的实时监测，从而极大地提高了生产效率和管理水平，有效降低了养殖成本。与此同时，生态化养殖越来越受到人们的重视。这种养殖方式注重环境保护和可持续发展，通过合理利用资源、减少废弃物排放等措施，实现了经济效益与生态效益的双赢。健康化养殖则更加关注动物福利和食品安全。在健康化的养殖模式下，动物的生活环境得到改善，饲养管理更加人性化，疫病防控也更加科学有效。这不仅保障了动物的健康，也为消费者提供了更加安全、优质的畜产品。

（二）畜牧兽医技术服务需求

1. 动物疫病防控需求

动物疫病堪称畜牧业发展的"隐形杀手"，其破坏力不容小觑。一旦疫病暴发，不仅会导致大量动物死亡、生产性能急剧下降，给养殖户和畜牧业带来巨大经济损失，更可能引发严重的食品安全问题和公共卫生事件，对社会稳定和人民健康构成严重威胁。因此，动物疫病防控工作的重要性不言而喻，它不仅是保障畜牧业健康发展的关键，更是维护公共安全和促进社会和谐的重要一环。在动物疫病防控工作中，畜牧兽医技术服务发挥着举足轻重的作用。这包括了对疫病的全面监测和及时预警，确保能够第一时间发现并控制疫情；对疫病的准确诊断和有效治疗，以最大限度地减少动物死亡和生产损失；以及科学合理的免疫接种计划，通过提高动物群体的免疫水平来预防疫病的发生。这些技术服务是畜牧业健康发展的有力保障，也是畜牧兽医工作者的神圣职责。

2. 兽医临床诊疗需求

随着畜牧业的迅猛发展，养殖规模和密度不断扩大与增加，这使得动物面临的生活环境和饲养条件日益复杂，进而导致动物疾病的发病率也呈现出明显的上升趋势。在这样的背景下，兽医临床诊疗服务的需求日益凸显，成为畜牧业健康发展不可或缺的一环。兽医临床诊疗服务涵盖了多个方面，其中最常见的是对动物常见疾病的诊断和治疗。这需要兽医具备扎实的专业知识和丰富的临床经验，以确保能够准确识别病因、制订有效的治疗方案。此外，对疑难病症的会诊和救治，更是考验兽医专业水平和应变能力的重要时刻。除了传统的诊疗服务外，手术操作以及康复护理等技术服务也逐渐成为兽医临床诊疗的重要组成部分。这些服务要求兽医不仅具备精湛的手术技巧，还需要对动物的术后护理和康复过程有深入的了解和把握。

3. 兽药与饲料添加剂使用指导需求

兽药和饲料添加剂在畜牧业生产中扮演着举足轻重的角色，它们是保障动物健康和提高生产性能的重要工具。然而，这些投入品的使用必须谨慎而科学，否则可能会引发一系列食品安全问题。合理使用兽药和饲料添加剂，可以有效预防和治疗动物疾病，提高动物的生产效率和产品质量。但是，如果不当使用或滥用这些药物和添加剂，就可能导致药物残留超标、动物产生耐药性等问题。这些问题不仅会影响动物的健康，更可能通过食物链传递给人类，对消费者的健康构成潜在威胁。

二、畜牧兽医技术社会化服务人才供给现状

（一）人才数量与结构

1. 专业人才总量

当前，畜牧兽医技术社会化服务领域的专业人才总量正呈现出令人鼓舞的稳步增长态势。这一增长趋势得益于畜牧业的迅猛发展和转型升级所带来的广阔市场需求。随着畜牧业的规模不断扩大，对畜牧兽医技术人才的需求也日益迫切，这为年轻人提供了丰富的职业发展机会，吸引了他们积极投身于这一行业。然而，尽管专业人才总量在增长，但与畜牧业的高速发展速度和庞大规模相比，仍显得捉襟见肘。现有的专业人才储备难以满足日益增长的市场需求，这导致在某些地区或特定技术领域出现了明显的人才供需矛盾。这种矛盾不仅影响了畜牧兽医技术服务的及时性和有效性，也在一定程度上制约了畜牧业的持续健康发展。因此，加大专业人才的培养和引进力度，

提升畜牧兽医技术服务水平，已成为当前畜牧业发展面临的重要课题。

2. 不同层次人才比例

在畜牧兽医技术社会化服务的人才队伍中，可以清晰地看到不同层次的人才比例存在着一定的不平衡。尤其是高层次人才，即那些拥有硕士、博士学位或积累了大量实践经验、具备深厚专业知识的专家型人才，他们的数量相对较少，成为人才队伍中的稀缺资源。相对而言，基层一线的技术服务人员数量则占据了较大的比重，他们是畜牧兽医技术服务的主力军，承担着大量的实际工作。然而，这种人才比例结构的不平衡也在一定程度上对畜牧兽医技术服务水平的提升和科技创新能力的增强产生了制约作用。高层次人才的稀缺使得一些复杂的技术问题难以得到有效解决，科技创新的步伐也因此受到拖累。同时，基层技术服务人员虽然数量众多，但由于整体知识水平和技术能力的限制，他们在面对一些新技术、新方法时往往难以迅速掌握和应用，这也在一定程度上影响了畜牧兽医技术服务的整体效率和质量。因此，优化人才比例结构，提升整体技术水平，是当前畜牧兽医技术社会化服务领域亟待解决的问题之一。

3. 年龄与性别结构

从年龄分布的角度来看，畜牧兽医技术社会化服务的人才队伍呈现出一个明显的老龄化趋势。在这个队伍中，有相当一部分是经验丰富、技术精湛的老专家和技术人员。他们长期以来在畜牧兽医领域辛勤耕耘，积累了宝贵的经验和知识。然而，随着时间的流逝，这些老专家和技术人员逐渐接近退休年龄，即将离开工作岗位。与此同时，新生代的技术人才虽然数量不少，但由于缺乏足够的实践经验和专业知识，他们还需要一定的时间来成长和磨炼。因此，在这个新老交替的过程中，畜牧兽医技术社会化服务人才队伍出现了一个较为明显的人才断层现象。此外，在性别结构方面，畜牧兽医工作的特殊性和传统观念的影响也导致了人才队伍的性别比例失衡。在这个领域中，男性技术人员占据了较大的比例，而女性技术人员则相对较少。这种性别结构的不平衡不仅在一定程度上影响了人才队伍的多样性和整体活力，也可能在某些特定的工作场景中造成一些不便和困扰。因此，如何吸引更多的女性人才加入畜牧兽医技术社会化服务领域，提升人才队伍的性别多样性，也是当前需要关注和思考的问题之一。

（二）人才流动与流失

1. 人才流动情况

在畜牧兽医技术社会化服务这一专业领域，人才流动已经成为一个值得关注的现象。随着畜牧业的持续繁荣和市场竞争的不断升级，企业对于优秀技术人才的需求愈发迫切，这使得企业之间的人才争夺战愈演愈烈。为了吸引和留住顶尖人才，许多企业不惜开出优厚的薪资待遇和提供良好的职业发展平台。同时，技术人员自身也面临着多种选择。为了追求更高的职业发展水平和更好的生活质量，一些技术人员可能会选择离开当前的工作岗位，寻找更加适合自己的发展机会。这种跳槽行为在一定程度上加剧了人才流动的频繁性。虽然人才流动有助于实现人才资源的优化配置，提高整个行业的活力和创新力，但过于频繁的人才流动也可能给企业和地区带来一系列困扰。例如，人才流失可能导致企业技术实力的下降，影响业务的正常开展；地区间的人才不均衡也可能制约某些地区的畜牧业发展。因此，如何合理引导和管理人才流动，实现人才与岗位的最佳匹配，是当前畜牧兽医技术社会化服务领域需要认真思考的问题。

2. 人才流失原因与影响

造成畜牧兽医技术社会化服务人才流失的原因错综复杂，其中薪资待遇不高是一个不容忽视的重要因素。许多技术人员在付出辛勤努力和专业知识后，发现所得报酬与期望并不相符，这直接影响了他们的工作积极性和职业忠诚度。此外，工作环境艰苦也是导致人才流失的一大原因。畜牧兽医工作往往需要深入基层一线，面对复杂多变的实际情况和艰苦的工作条件，一些技术人员可能因此选择放弃。同时，职业发展空间有限和社会地位认同感不强也是人才流失的重要原因。一些技术人员在职业发展过程中遇到了晋升瓶颈，感觉自己的能力和潜力无法得到充分发挥；而社会对畜牧兽医行业的认同度不高，也使得一些技术人才缺乏归属感和荣誉感。

三、畜牧兽医技术社会化服务专业技能需求

（一）临床诊疗技能

1. 动物疾病诊断能力

技术人员的专业技能和敏锐观察力是确保动物健康和治疗有效性的基石。在面对动物疾病时，技术人员需要能够准确捕捉和识别各种细微的症状表现，这包括但不限于动物的体态、行为、食欲以及排泄物等方面的异常变化。为了对疾病进行准确诊断，技术人员不仅要依靠丰富的临床经验，还需借助各种先进的临床检查和实验检测手段。这些手段可能包括血液化验、影像学检查、病原体检测等，它们能够帮助技术人员更深入地了解动物的生理状况和疾病本质。准确诊断的重要性不言而喻，

它是制订合理治疗方案的前提，也是避免误诊、误治导致动物病情恶化的关键。因此，技术人员必须不断提升自己的专业技能和知识水平，以确保每一次诊断都能准确无误，为动物的健康和福利提供坚实保障。

2. 动物疾病治疗能力

动物疾病治疗能力是畜牧兽医技术人员不可或缺的核心技能之一。面对多样化的动物疾病，技术人员必须精通药物治疗、物理治疗以及手术治疗等多种治疗手段。在药物治疗方面，他们需要深入了解各类药物的药理作用、用法用量以及可能产生的副作用，确保药物使用的安全性和有效性。对于物理治疗，技术人员应熟悉并掌握各种物理疗法的原理和应用，如热疗、冷疗、电疗等，以缓解动物的疼痛和促进康复。在必要时，技术人员还需具备手术操作的能力，包括手术前的准备、手术过程中的精细操作以及手术后的护理。此外，技术人员还需对不同治疗方法的适应证和禁忌证有深入的了解，以便能根据动物的病情和身体状况选择最合适的治疗方案。在治疗过程中，他们还需密切关注动物的反应和病情变化，及时调整治疗方案，确保治疗过程的安全和顺利。这种全面的治疗能力，是保障动物健康、提高治疗效果的重要基础。

3. 手术操作技能

手术操作技能是畜牧兽医技术人员在处理需要手术治疗的动物疾病时必须掌握的关键能力。这不仅要求技术人员对手术器械有深入的了解和熟练的使用技巧，以确保在手术过程中能够准确、迅速地使用各种器械，还需要他们熟练掌握手术步骤，包括术前的准备、术中的精细操作以及术后的护理和康复。无菌操作是手术过程中的重要环节，技术人员必须严格遵守无菌原则，确保手术环境和手术器械的清洁无菌，以防止术后感染的发生。此外，他们还需要具备应对手术过程中可能出现的突发情况的能力，以确保手术的顺利进行。为了不断提升手术操作技能，技术人员应定期参加专业培训和实践锻炼，学习新的手术技术和理念，不断提高自己的手术操作水平。这种持续的学习和进步，是保障动物手术成功、促进动物康复的重要保障。

（二）预防保健技能

1. 免疫接种技能

免疫接种是预防动物疾病、提高动物健康水平的重要手段之一。对于畜牧兽医技术人员而言，掌握扎实的免疫接种技能至关重要。他们需要全面了解各种动物疫苗的特性、接种方法、最佳接种时机以及接种剂量，这是确保疫苗能够发挥最大效用、为动物提供有效免疫保护的基础。除了疫苗的基本知识，技术人员还应熟悉疫苗接种后可能出现的各种不良反应，如发热、过敏反应等，并知道如何妥善处理这些反应，以减轻动物的痛苦和不适。同时，他们还需要掌握免疫效果评估的方法，通过定期的检测和观察，判断疫苗接种是否成功，动物的免疫水平是否达到预期。

2. 动物保健与护理技能

技术人员在畜牧兽医工作中，必须精通动物日常保健和护理的各项技能。饲养管理是其中的重要一环，技术人员需要了解不同动物的饲养需求，确保它们获得均衡的营养和适宜的饲养环境。环境卫生控制也是关键，技术人员应定期清理动物的居住环境，保持空气流通，减少病原体的滋生。此外，密切观察动物的行为也是必不可少的，通过行为观察，技术人员可以及时发现动物的异常，从而迅速采取相应措施。这些细致的保健和护理工作，能够显著降低动物疾病的发生率，提升动物的整体健康水平，为畜牧业的稳健发展奠定坚实基础。

3. 疫病监测与报告技能

疫病监测与报告是畜牧兽医工作中至关重要的环节，技术人员在这方面必须具备扎实的技能。他们需要熟练掌握各种疫病监测方法和技术，如临床检查、实验室检测、流行病学调查等，以确保能够及时发现动物疫病的迹象。一旦发现疫病，技术人员必须迅速、准确地进行报告，以便及时采取防控措施，防止疫病的扩散和蔓延。同时，他们还需要具备对监测数据进行收集、整理和分析的能力，以便从中发现疫病的发生规律和趋势，为制订科学有效的防控策略提供有力支持。

（三）兽药与饲料使用技能

1. 兽药使用规范与操作技能

兽药使用规范与操作技能是畜牧兽医技术人员必须精通的专业知识。技术人员需要全面了解兽药的分类，包括抗生素、抗病毒药、抗寄生虫药等，并熟悉它们的作用机理，这样才能针对动物的具体病情选择合适的药物。在使用兽药时，技术人员还需遵循严格的用药指导，掌握正确的用药剂量、给药途径和用药频率，以确保药物能够发挥最佳疗效，同时避免对动物造成不必要的伤害。此外，技术人员还需密切关注动物对药物的反应，及时调整用药方案，确保动物用药的安全性和有效性。这些规范和技能的掌握，对于保障动物健康、提高畜牧业生产效益具有重要意义。

2. 饲料配方设计与调整技能

在畜牧兽医技术社会化服务中，合理使用兽药和饲料对于提高动物生产性能起着至关重要的作用。技术人员在这一领域需要具备一系列专业技能：首先，技术人员需要掌握兽药和饲料的基本知识，包括种类、成分、作用机理以及使用注意事项等。这是确保正确选择和使用兽药与饲料的基础。其次，他们应具备根据动物的生长阶段、营养需求以及健康状况进行合理配方设计的能力。这需要技术人员熟悉各种营养成分的功能与比例，以及不同动物对营养的需求特点。再次，技术人员还应熟练掌握兽药和饲料的正确使用方法，包括投药途径、剂量计算、用药时机等。这可以确保药物和饲料的有效利用，避免浪费和不当使用带来的问题。此外，他们还需要具备对兽药和饲料使用效果进行评估的能力。通过定期监测动物的生长性能、健康状况以及生产效益等指标，技术人员可以判断所用兽药和饲料的效果，并根据需要进行调整。最后，技术人员应关注兽药和饲料市场的动态变化，包括新产品、新技术以及政策法规的更新等。这有助于他们及时了解行业发展趋势，为养殖户提供更加专业、合理的建议和服务。

3. 兽药与饲料市场分析能力

饲料配方设计与调整技能是畜牧兽医技术人员不可或缺的专业能力。技术人员需要深入了解不同动物在各个生长阶段的营养需求，包括能量、蛋白质、矿物质和维生素等关键营养素的摄取量。基于这些需求，他们应能精准设计出科学合理的饲料配方，确保动物能够获得全面均衡的营养供应。同时，随着动物生长和生产环境的变化，技术人员还需熟练掌握饲料配方的调整技巧，灵活应对各种情况，确保饲料始终满足动物的实际需求。这种能力对于优化动物饲养效果、提高生产效率具有重要意义。

四、畜牧兽医技术社会化服务能力需求

（一）服务态度与沟通能力

在畜牧兽医技术社会化服务中，服务态度与沟通能力是衡量技术人员是否合格的重要标准。技术人员作为服务提供者，他们的态度直接影响着客户对服务的满意度和信任度。因此，技术人员应以友好、耐心的态度对待每一位客户，展现出专业和亲和力。无论是面对大型养殖场的企业主，还是小型农户，技术人员都应一视同仁，给予充分的关注和尊重。对于客户提出的问题，无论大小，都应认真对待，耐心解答。这种细致入微的服务态度，能够让客户感受到被重视和关怀，从而建立起稳固的信任关系。在与客户沟通时，技术人员不仅要具备扎实的专业知识，还需掌握良好的沟通技巧。他们能够用通俗易懂的语言解释复杂的畜牧兽医知识，避免使用过于专业的术语，让客户能够轻松理解。同时，技术人员还应学会倾听，耐心聆听客户的需求和意见，以便更好地了解他们的实际情况和需求。当遇到客户投诉或纠纷时，技术人员更应保持冷静和理性。他们应积极寻找问题的根源，与客户共同协商解决方案，而不是推诿责任或逃避问题。通过及时、有效的沟通和处理，技术人员不仅能够解决当前的问题，还能够维护良好的客户关系，为未来的合作奠定坚实基础。此外，技术人员在服务过程中还应注重细节，如保持整洁的仪表、使用规范的服务用语等，这些都能够提升服务的专业性和品质感。通过不断优化服务态度与沟通能力，技术人员能够在畜牧兽医技术社会化服务中树立良好的形象，赢得客户的认可和赞誉，从而推动畜牧业的持续健康发展。

（二）服务效率与质量

服务效率和质量是衡量技术人员在畜牧兽医技术社会化服务中专业素养的两大核心指标。对于技术人员来说，仅仅拥有扎实的专业知识是远远不够的，如何将这些知识高效、准确地应用于实际服务中，才是他们真正面临的挑战。首先，服务效率直接关系到客户对技术人员的满意度。在畜牧兽医领域，很多时候需要技术人员对紧急情况进行快速响应，比如突发的动物疫病。在这种情况下，技术人员必须能够在第一时间给出有效的处理建议，帮助客户控制疫情，减少损失。这就要求他们不仅要有丰富的疫病处理经验，还要具备快速决策和行动的能力。同时，对于客户提出的常规饲养管理问题，技术人员也应迅速给出答复，帮助客户及时解决困惑，提高饲养效率。其次，服务质量是技术人员专业素养的直接体现。在提供服务时，技术人员必须确保所给出的建议和信息是准确、可靠的。任何一个小小的错误或失误，都可能给客户带来巨大的经济损失甚至法律风险。因此，技术人员在服务过程中必须保持高度的专注和严谨，尽可能减少错误和失误的发生。同时，他们还应不断学习和更新自己的专业知识，以确保能够为客户提供最前沿、最科学的畜牧兽医技术服务。最后，技术人员还应具备服务效果评估与改进的能力。服务并不是一次性的行为，而是一个持续不断的过程。技术人员应定期回顾和总结自己的服务表现，分析存在的问题和不足，并寻找改进的方法。通过这种持续的自我提升，技术人员能够不断提高自己的服务水平，更好地满足客户的需求和期望。这种对服务效率和质量的不断追求和提升，正是技术人员专业素养的最好体现。

（三）服务范围与拓展

随着畜牧业的持续进步与演变，技术人员所面临的挑战与日俱增。在这样的背景下，他们不再仅仅满足于提供基础的诊疗与预防保健服务，而是需要拓宽自己的服务范围，为客户提供更为多元化、全面性的支持。多元化服务的能力已成为技术人员不可或缺的核心竞争力。除了传统的疫病诊断与治疗，技术人员还应深入了解饲养管理的每一个环节，从饲料配方设计、饲养环境控制到动物行为观察，都应成为他们的服务内容。此外，市场分析、价格走势预测等附加服务也逐渐成为客户所关注的焦点。技术人员应利用自己的专业知识和行业经验，为客户提供有针对性的市场建议，帮助他们在激烈的市场竞争中占据有利地位。与此同时，跨领域合作与资源整合能力也显得尤为重要。畜牧业与多个领域都有着紧密的联系，如农业、环境科学、食品工业等。技术人员应积极寻求与其他领域的专家建立合作关系，共同研究解决畜牧业面临的问题。通过资源整合，技术人员可以为客户提供更全面、更专业的服务，实现资源共享与优势互补。服务创新与拓展市场的能力则是技术人员在激烈市场竞争中立于不败之地的关键。他们应时刻保持敏锐的市场触觉，关注行业最新动态和技术发展趋势。在此基础上，技术人员应勇于尝试新的服务模式和技术手段，不断拓展新的服务领域和市场空间。只有这样，他们才能在激烈的市场竞争中脱颖而出，赢得客户的信赖与支持。

第二节　人才培养模式探索

一、明确培养目标

（一）确定核心能力培养方向

在畜牧兽医技术社会化服务新模式的建设过程中，对技术人员核心能力的明确与培养显得尤为重要。这些核心能力不仅是技术人员胜任工作的基础，更是推动畜牧兽医行业持续发展的关键力量。专业技能是技术人员不可或缺的核心能力之一。在畜牧兽医领域，专业技能涵盖了疾病诊断、治疗、预防保健、饲养管理等多个方面。技术人员必须具备扎实的专业理论基础和丰富的实践经验，才能准确识别和处理各种畜牧兽医问题。因此，在培养技术人员时，应注重对专业知识的传授和实践技能的训练，确保他们具备过硬的专业素质。服务态度与沟通能力也是技术人员必备的核心能力。畜牧兽医技术社会化服务面向的是广大养殖户和动物主人，技术人员的服务态度和沟通能力直接影响到服务效果和客户满意度。技术人员应具备良好的服务意识和职业道德，以热情、耐心的态度为客户提供优质的服务。同时，他们还应具备较强的沟通能力，能够与客户进行有效的交流和沟通，准确理解客户需求，提供针对性的解决方案。服务效率与质量是衡量技术人员核心能力的重要标准。在畜牧兽医行业，时间就是生命，效率就是金钱。技术人员应具备快速响应和高效处理问题的能力，确保在第一时间为客户提供准确、可靠的技术支持。同时，他们还应注重服务质量的提升，通过不断学习新知识、新技术和新方法，提高自己的服务水平和解决问题的能力。

（二）关注行业需求与发展趋势

在确定畜牧兽医技术社会化服务人员的培养目标时，仅仅关注专业技能和服务态度是远远不够的。更为重要的是，我们必须密切关注畜牧兽医行业的市场需求和发展趋势，因为这将直接影响到技术人员所需具备的能力和素质。深入了解畜牧兽医行业的市场需求，意味着我们要时刻关注养殖户、动物主人以及整个社会对畜牧兽医服务的需求变化。这些需求可能随着养殖业的规模化、集约化发展而不断变化，也可能随着人们对动物健康和食品安全的日益关注而不断提升。因此，我们必须通过市场调研、与养殖户和动物主人的交流等方式，及时准确地把握这些需求，以便更有针对性地制订培养计划。同时，对畜牧兽医行业发展趋势的敏锐洞察也是至关重要的。随着科技的进步和社会的发展，畜牧兽医行业正面临着前所未有的变革。新的养殖技术、新的诊疗方法、新的服务理念不断涌现，为畜牧兽医行业的发展带来了无限的可能性。我们必须紧跟这些发展趋势，及时了解和掌握新技术、新方法，将其融入培养计划中，确保技术人员具备与时俱进的能力和素质。通过深入了解行业现状和未来发展方向，可以更有针对性地制订培养计划，确保技术人员具备与市场需求相匹配的能力和素质。这样，不仅可以满足养殖户和动物主人的需求，提升畜牧兽医服务的质量和效率，还可以推动畜牧兽医行业的持续健康发展。因此，在确定培养目标时，密切关注畜牧兽医行业的市场需求和发展趋势是至关重要的。

（三）强调创新意识与拓展能力

随着科技日新月异的发展以及畜牧兽医行业的迅速变革，创新意识和拓展能力对于技术人员而言，已不再是可有可无的附加素质，而是成为他们职业发展中不可或缺的核心要素。在这个信息爆炸、知识更新迅速的时代，唯有不断创新、勇于拓展，技术人员才能在激烈的竞争中立于不败之地，为畜牧兽医行业的持续健康发展提供有力支撑。创新意识是推动行业进步的重要动力。在畜牧兽医领域，新技术、新方法层出不穷，传统的技术和服务模式已难以满足日益增长的市场需求。因此，技术人员必须具备强烈的创新意识，敢于挑战传统，勇于尝试未知。通过不断探索和实践，他们可以发现新的解决方案，提高服务效率和质量，推动畜牧兽医行业的技术革新和服务升级。拓展能力是技术人员适应行业发展的必备素质。在快速变化的市场环境中，技术人员必须具备广泛的知识背景和较强的学习能力，才能及时跟上行业发展的步伐。他们不仅需要精通畜牧兽医专业知识，还需要了解相关领域的最新动态和技术进展，以便在实践中灵活运用，实现跨领域创新和资源整合。此外，良好的沟通能力和团队协作精神也是拓展能力的重要组成部分，有助于技术人员在多元化的工作环境中发挥更大的作用。因此，在培养目标中强调对技术人员创新意识和拓展能力的培养至关重要。我们应通过优化课程设置、强化实践教学、加强师资队伍建设等措施，为技术人员创造一个有利于创新和实践的学习环境。

二、优化培训课程设置

（一）完善专业知识体系

针对畜牧兽医技术社会化服务的工作需求，完善相关的专业知识体系显得尤为重要。技术人员作为畜牧兽医行业的重要支柱，他们的专业知识水平直接关系到服务的质量和效率。因此，在课程设置上，我们必须全面考虑，确保涵盖畜牧兽医领域的各个方面。畜牧兽医基础理论是技术人员必须掌握的核心知识。它包括动物生理学、病理学、药理学等基础学科，为技术人员提供了理解动物生命活动和疾病发生发展规律的基础。只有掌握了这些基础理论，技术人员才能在实际工作中做出准确的判断和决策。临床技能是技术人员在实际工作中必须具备的能力。这包括疾病的诊断、治疗、手术操作等技能。通过课程学习和实践操作，技术人员可以熟练掌握这些技能，提高处理实际问题的能力。此外，预防保健方面的知识也是技术人员不可或缺的。在畜牧兽医工作中，预防保健同样重要，甚至可以说比治疗更为关键。通过加强动物饲养管理、环境卫生控制、疫苗接种等措施，可以有效预防动物疾病的发生，降低养殖风险。因此，技术人员必须了解并掌握预防保健的原理和方法，为养殖户提供科学的养殖建议和技术支持。饲养管理方面的知识也是技术人员必须学习的。良好的饲养管理是提高动物生产性能、保障动物健康的关键。技术人员应了解不同动物的饲养特点和管理要求，为养殖户提供合理的饲养方案和管理建议。

（二）增加实践性教学环节

实践性教学环节在畜牧兽医技术人员的培养中占据着举足轻重的地位。单纯的理论学习虽然能够为技术人员提供扎实的知识基础，但实际操作能力和解决问题能力的培养则更多地依赖于实践性教学。因此，在畜牧兽医技术人员的课程设置中，增加实验、实训、实习等实践性教学环节至关重要。实验环节能够让技术人员亲自动手，将理论知识与实际操作相结合。通过动物解剖、病理切片观察、药物使用等实验，技术人员可以更加直观地理解畜牧兽医知识，掌握实验技能，培养科学思维和动手能力。实训环节则更加注重对技术人员综合能力的培养。在这一环节中，技术人员需要完成一系列与畜牧兽医工作密切相关的任务，如动物诊疗、饲养管理、疫病防控等。通过模拟真实的工作环境和任务，实训环节能够帮助技术人员熟悉工作流程，掌握操作规范，提高解决实际问题的能力。实习环节是技术人员接触实际工作、积累实践经验的重要途径。在实习期间，技术人员可以深入养殖场、动物医院等一线工作场所，与资深技术人员一起工作，学习他们的经验和技巧。通过亲身参与实际工作，技术人员可以更加深入地了解畜牧兽医行业的现状和发展趋势，提高自己的职业素养和综合能力。

（三）注重跨学科融合与拓展

随着畜牧兽医行业的蓬勃发展，我们越来越意识到，单一学科的知识和技能已难以满足行业的多元化和复杂化需求。跨学科融合不仅成为科学研究的前沿趋势，也是畜牧兽医领域技术创新和服务提升的关键所在。因此，在技术人员的培养过程中，课程设置的跨学科融合与拓展显得尤为重要。生物技术作为现代科技的重要分支，其在畜牧兽医领域的应用日益广泛。基因编辑、疫苗研发、生物制剂等生物技术手段为动物疫病的预防、诊断和治疗提供了更为精准和高效的方法。因此，在课程设置中融入生物技术的内容，将帮助技术人员掌握这些前沿技术，提升他们在畜牧兽医实践中的创新能力和解决问题的能力。信息技术的发展也为畜牧兽医行业带来了革命性的变化。大数据、物联网、人工智能等技术的应用，使得动物养殖的智能化、精细化成为可能。技术人员通过学习和应用信息技术，可以实现对动物健康、生产性能等数据的实时监测和分析，为养殖户提供更加精准的技术指导和服务。因此，在课程设置中加强信息技术的教育，将有助于提高技术人员的信息化素养和跨学科合作能力。通过引入生物技术、信息技术等跨学科内容，课程设置不仅能够拓宽技术人员的知识视野和技能范围，还能够激发他们的创新思维和跨学科合作能力。这种综合素质的提升将使技术人员在畜牧兽医行业中更具竞争力，更能够适应行业的快速变化和发展需求。因此，我们应积极推动课程设置的跨学科融合与拓展，为畜牧兽医行业培养出更多具备创新精神和实践能力的高素质人才。

三、强化实践教学

（一）建立实践教学基地

实践教学在畜牧兽医技术人员的培养中扮演着举足轻重的角色。为了真正提升学生的实践能力和职业素养，确保他们毕业后能够迅速融入并胜任畜牧兽医行业的工作，建立稳定的实践教学基地显得尤为关键。稳定的实践教学基地可以为学生提供真实的职业环境，让他们身临其境地感受畜牧兽医行业的日常工作氛围。在这样的环境中，学生不再是纸上谈兵，而是能够亲身参与、亲手实践，从而更加深入地理解和掌握所学知识。与此同时，与养殖企业、动物医院等单位的紧密合作，也意味着学生可以接触到最新的行业技术和设备，从而确保他们的实践技能与行业需求保持同步。此外，实践教学基地还为学生提供了与行业内专家和专业人士交流的机会。这些专家和人士的经验和见解，对于刚刚踏入行业门槛的学生来说，无疑是宝贵的财富。通过与他们的交流和学习，学生可以更加清晰地了解行业的发展趋势和未来挑战，从而为自己的职业规划和发展做好充分的准备。更为重要的是，实践教学基地的建立还有助于培养学生的职业素养和责任感。在真实的职业环境中，学生不仅需要关注自己的技能提升，还需要学会与团队成员沟通协作，解决实际工作中遇到的各种问题。这样的经历将让他们更加成熟和自信，为未来的职业生涯奠定坚实的基础。

（二）加强实践教学管理

实践教学管理是保障畜牧兽医技术人员实践教学效果的核心环节，其重要性不言而喻。一个完善的实践教学管理体系不仅能够确保教学活动的有序进行，还能显著提升教学质量，使学生真正从实践中受益。制订详细的教学计划和实施方案是实践教学管理的基础。这些计划和方案需要明确每个实践教学活动的目标、内容、时间安排以及所需资源，确保每一项活动都有的放矢，紧密围绕培养目标展开。通过细致规划，可以避免实践教学的随意性和盲目性，使每一分钟的教学时间都得到充分利用。明确教学目标和要求对于确保实践教学效果至关重要。目标是学生通过实践活动后应达到的能力水平或掌握的技能点，而要求则是学生在实践过程中必须遵守的规范和标准。只有明确了这些目标和要求，学生才能有针对性地参与实践，教师也才能准确地评估学生的学习成果。此外，加强对实践教学过程的监督和评估是保障教学质量和效果的关键。监督可以确保实践教学活动按计划进行，及时发现并纠正教学中出现的问题。评估则是对实践教学效果的量化反馈，通过收集学生的反馈、观察学生的实践表现以及对比教学目标和实际成果，可以准确判断教学质量的高低，为后续的教学改进提供有力依据。

（三）鼓励创新实践与探索

在实践教学过程中，对技术人员进行创新实践和探索的鼓励是至关重要的。创新是推动行业发展的核心动力，也是技术人员个人成长和职业发展的重要途径。因此，我们需要采取一系列措施，激发技术人员的创新意识和探索精神。设立创新实验项目是一种有效的方式。这些项目可以是针对畜牧兽医领域中的某个具体问题或挑战，鼓励技术人员运用所学知识，结合创新思维，提出并实施新的解决方案。通过这类项目，技术人员不仅能够锻炼自己的实践能力，还能在解决问题的过程中培养创新意识和探索精神。开展科技竞赛活动也是一种很好的激励方式。竞赛可以围绕畜牧兽医领域的某个主题或技术难题展开，吸引技术人员积极参与。在竞赛中，技术人员需要充分发挥自己的创新能力和团队协作精神，提出具有创新性和实用性的解决方案。通过竞赛的激烈角逐，技术人员不仅可以提升自己的专业技能，还能在竞争中激发创新潜力。除了设立创新实验项目和开展科技竞赛活动外，我们还应为技术人员提供必要的支持和条件。这包括提供充足的实验场地、先进的仪器设备、必要的经费支持等，确保技术人员能够顺利进行创新实践。同时，还应建立完善的创新成果转化和应用机制，为技术人员的创新成果提供展示和推广的平台，促进创新成果在实际工作中的应用和转化。

四、加强师资队伍建设

（一）选拔优秀教师担任教学工作

优秀的教师在畜牧兽医技术人才培养中扮演着举足轻重的角色。他们不仅是知识的传递者，更是学生成长道路上的引路人。因此，选拔和培养优秀的教师队伍，对于提升畜牧兽医技术人才的培养质量具有至关重要的作用。优秀的教师应具备丰富的实践经验和教学经验。实践经验能够让教师更加深入地理解畜牧兽医行业的实际运作，从而为学生提供更加贴近实际的教学内容。教学经验则能够让教师更加熟练地运用各种教学方法和手段，确保学生能够有效地吸收和掌握所学知识。因此，在选拔教师时，我们应注重从具有这两种经验的候选人中挑选，确保他们能够为学生提供最优质的教学服务。对教师的专业素养和教学能力进行评估和考核是确保教学质量和效果的必要手段。专业素养是教师能否胜任教学工作的基础，它包括对畜牧兽医专业知识的掌握程度、对行业发展趋势的了解以及持续学习的能力等。教学能力则是教师能否将知识有效地传授给学生的关键，它涉及了教学方法的选择、课堂组织的能力、与学生的互动沟通等多个方面。通过定期对教师进行专业素养和教学能力的评估和考核，我们可以及时发现教师在教学中存在的问题和不足，为他们提供有针对性的培训和指导，从而确保教学质量和效果始终保持在行业前列。

（二）提升教师专业素养和教学能力

为提高教师的专业素养和教学能力，定期组织教师参加专业培训、学术交流等活动显得尤为重要。这些活动不仅为教师提供了一个学习新知识、新技术和新方法的平台，更是拓宽他们知识视野、更新教学思路的重要途径。在专业培训中，教师可以接触到畜牧兽医领域的最新研究成果和前沿技术，了解行业发展的最新动态和趋势。通过系统的学习和实践，教师可以掌握新的教学方法和手段，提升自己的教学能力和水平。同时，培训还可以帮助教师解决在教学中遇到的实际问题，提高他们的教学效率和效果。学术交流活动则为教师提供了一个与同行专家、学者交流互动的机会。在这些活动中，教师可以分享自己的教学经验和研究成果，也可以从他人的分享中获得启发和灵感。通过与不同背景、不同观点的专家、学者进行深入的交流和探讨，教师可以开阔自己的学术视野，拓展自己的教学思路，从而更好地适应畜牧兽医行业的发展需求。此外，鼓励教师开展教学研究和改革实践也是提高教学效果和质量的重要举措。教学研究可以帮助教师深入了解学生的学习需求和认知规律，探索更加适合学生的教学方法和模式。改革实践则可以让教师在实践中尝试新的教学理念和方法，通过不断地反思和调整，逐步完善自己的教学体系，提高教学效果和质量。

（三）建立激励机制和约束机制

为充分调动教师的积极性和创造力，建立完善的激励机制和约束机制至关重要。教师作为教育事业的中坚力量，他们的投入程度、工作态度和创新能力直接影响着畜牧兽医技术人才的培养质量。因此，我们必须通过一系列措施，激发教师的工作热情和创新精神，同时确保他们认真履行职责，发挥应有的作用。激励机制的建立是提升教师工作积极性的关键。首先，我们可以设立明确的奖励制度，对在教学、科研和服务等方面做出突出贡献的教师给予物质和精神上的双重奖励。这些奖励不仅是对教师工作的肯定，更是激发他们的工作热情和创新动力。此外，提供晋升机会也是激励机制的重要组成部分。学校或机构应建立公正、透明的晋升渠道，让优秀的教师有机会获得更高的职位和更大的发展空间，从而激励他们不断提升自己的专业素养和教学能力。然而，仅有激励机制是不够的，约束机制同样重要。约束机制旨在确保教师认真履行职责，遵守职业道德和规范。为此，我们需要加强对教师工作的监督和评估。通过定期的教学检查、学生评价、同行评议等方式，全面了解教师的教学态度、教学内容和教学效果，确保他们始终保持高水平的教学质量。同时，对于在工作中存在问题的教师，我们也应及时进行提醒和帮助，促使他们改进和提高。

五、完善评价体系

（一）建立多元化评价体系

为全面、客观地评价技术人员的能力和表现，建立多元化的评价体系显得尤为重要。在畜牧兽医领域，技术人员的能力和表现直接关系到行业的发展和服务质量。因此，我们不能仅仅依赖单一的评价标准，而应该从多个角度、多个层次对技术人员进行全面、深入的评估。对学生知识掌握情况的评价是评价体系的基础。这包括了对畜牧兽医专业知识的掌握程度、对新技术、新知识的接受和学习能力等。通过考试、测验等方式，我们可以了解技术人员在专业知识方面的掌握情况，从而判断他们是否具备从事相关工作所需的基本素质。技能运用情况也是评价技术人员的重要方面。畜牧兽医行业对技术人员的技能要求较高，他们需要熟练掌握各种操作技能和方法。通过观察技术人员在实际工作中的表现，我们可以评估他们的技能水平以及运用所学知识解决实际问题的能力。除此之外，服务态度与沟通能力也是评价技术人员不可忽视的方面。良好的服务态度和沟通能力是技术人员与客户建立良好关系、提供优质服务的基础。通过客户反馈、同事评价等方式，我们可以了解技术人员在服务过程中的表现，从而判断他们是否具备良好的职业素养和沟通能力。同时，服务效率与质量也是评价技术人员的重要指标。高效、优质的服务是畜牧兽医行业的核心竞争力。通过对技术人员工作效率、工作质量等方面的评估，我们可以判断他们是否具备为行业发展作出贡献的潜力。创新能力也是评价技术人员的重要标准之一。在快速发展的畜牧兽医行业中，创新是推动行业进步的关键力量。通过评估技术人员在创新实践中的表现，我们可以了解他们的创新意识和创新能力，从而预测他们在未来发展中可能取得的成就。

（二）注重过程性评价与结果性评价相结合

在评价技术人员的能力和表现时，我们应特别注重过程性评价与结果性评价的紧密结合。这种评价方式不仅关注技术人员最终取得的成果，更重视他们在学习和实践过程中所付出的努力、所展现的潜力以及所取得的进步。过程性评价强调对技术人员在学习和实践过程中的持续观察和记录。它关注技术人员在面对挑战和困难时的态度、所采取的解决方法以及从中获得的成长。这种评价方式能够让我们更加深入地了解技术人员的学习风格、思维方式和工作习惯，从而发现他们的优势和不足。同时，过程性评价还有助于我们及时发现技术人员在学习过程中遇到的问题和困难，为他们提供及时的帮助和支持，确保他们能够顺利地掌握所需的知识和技能。结果性评价则是对技术人员最终成果的直接衡量。它关注技术人员在完成任务或项目后所取得的实际成绩和效果，是对他们知识和技能掌握情况的一种客观反映。结果性评价能够让我们清晰地看到技术人员在某一阶段的学习和实践成果，从而判断他们是否达到了预期的目标和要求。将过程性评价与结果性评价相结合，我们可以更全面地了解技术人员的成长轨迹和发展潜力。这种评价方式既能够肯定技术人员在学习和实践过程中所付出的努力，又能够客观地评估他们的最终成果，从而为他们提供更为准确、有针对性的指导和帮助。通过这种评价方式，我们可以更好地激发技术人员的积极性和创造力，促进他们的全面发展，为畜牧兽医行业培养出更多优秀的技术人才。

（三）及时反馈与调整培养方案

通过定期的评价和反馈机制，我们能够及时了解技术人员在学习和实践中的问题和不足，这对于优化人才培养模式、提高教学效果至关重要。这种机制确保了教学与实践的紧密结合，使得教育过程更加贴近技术人员的实际需求，有助于他们更好地适应行业发展。定期评价的意义在于对技术人员的学习进度和实践能力进行持续跟踪。通过考试、测验、项目评估等方式，我们可以全面、客观地了解技术人员在知识掌握、技能运用、创新能力以及服务态度等方面的表现。这些评价不仅反映了技术人员当前的水平，更揭示了他们在学习过程中可能遇到的困难和挑战。反馈机制则是将评价结果及时、准确地传达给技术人员和相关教学人员。通过面对面的交流、书面报告或在线平台等途径，我们可以针对技术人员在评价中暴露出的问题和不足，提供具体的反馈意见和建议。这种反馈不仅让技术人员明确了自己的不足和需要改进的方向，也为教学人员调整培养方案和教学方法提供了重要依据。针对反馈中提出的问题和不足，教学人员需要迅速作出反应，调整培养方案和教学方法。这可能包括改进课程内容、增加实践环节、提供个性化辅导等。通过这些调整，我们可以帮助技术人员更好地克服学习中的困难，提高他们的学习效率和实践能力。同时，评价结果也可以作为教学改进的依据和建议。通过对评价结果的深入分析，我们可以发现教学中存在的问题和薄弱环节，进而对人才培养模式进行不断完善和优化。这种以评促建、以评促改的方式，有助于我们建立起一个更加科学、高效的人才培养体系。